****
数学・物理学アラカルト
****

秋葉 敏男 著

まえがき

　本書は, 数学および物理学に関して思いついたテーマについて, 専門書などを参考にして自分なりの解釈をオムニバス風にまとめた論文集です.

　この論文集は, インターネット上のサーキュラーである「数学・物理通信」に投稿させていただいたものに, 二, 三の小論文を加えたものです.

　各々のテーマは, 専門書や教科書あるいは一般向けの解説書で広く取り上げられていますが, 私にとってすんなり理解できなかったものが多々あります.

　そこで, 複数の研究者が, 同一のテーマをどのように論説しているかに注目しました.

　これにより, より掘り下げた理解に至り, 別の視点からの解析の動機となることもありました.

　いずれも周知のテーマについての論考ですが, 著者独自の視点と推論を読み取っていただければ幸いです.

　読者は, 目次の順序に左右されずに興味のあるテーマから, 目を通していただきたいと思います.

　章によっては. 末部に付録を設け本文の論述の根拠や補足となる数式などを記しています. 読者は, これらの付録を適宜取捨選択して読み進めて欲しいと思います.

　所収論考の中の「高校生の宇宙論」は, 高校生の A 君がまとめたやや突飛な宇宙論です.

　A 君が膨張宇宙の中で生起したであろう現象を, 想像の膨らむままに論証無しに記しています. それは妄想の物語と言って良いかも知れません. これに続く「スピンと宇宙」も似たようなものです.

　読者は, 気軽にこの物語を読み流していただきたいと思います.

2024 年 6 月

目次

第Ⅰ部　数学の部

第１章　自然数の累乗和　　　　　　　　　　　　01

第２章　数列　　　　　　　　　　　　　　　　　27

第３章　オイラー定数の表式　　　　　　　　　　37

第４章　積分方程式演習　　　　　　　　　　　　53

第５章　集合の濃度　　　　　　　　　　　　　　61

第６章　測量と誤差　　　　　　　　　　　　　　65

第７章　空間次元と科学法則　　　　　　　　　　77

第Ⅱ部　物理学の部

第８章　電磁気法則の共変性　　　　　　　　　　83

第９章　電磁気法則の共変性－ポテンシャル表示－　101

第１０章　ローレンツ変換へのコメント　　　　　111

第１１章　相対論的力学演習　　　　　　　　　　125

第１２章　系のハミルトニアンと交換関係　　　　139

第１３章　逆α乗法則下の運動　　　　　　　　　147

第１４章　素粒子のスピン　　　　　　　　　　　153

第１５章　高校生の宇宙論　　　　　　　　　　　159

第１６章　スピンと宇宙　　　　　　　　　　　　169

☆☆☆☆☆☆☆☆☆☆☆☆☆☆

I 数学の部

☆☆☆☆☆☆☆☆☆☆☆☆☆☆

第1章 自然数の累乗和

1 はじめに

自然数 $(1\sim n)$ の q 乗の和 $\sum_{k=1}^{n} k^q := S_q(n)$ の表式が n の $(q+1)$ 次多項式で, その係数がベルヌーイ数を用いて表されることは, 周知のとおりです.

一方, 具体的な数値計算で $S_q(n)$ を求めるには, $S_1(n), S_2(n), \ldots, S_{q-1}(n)$ を使います. つまり, 累乗数 q に関する逐次計算で求めるわけで, その方法については種々考案されているようですが,

$$S_q(n) = f(S_1, S_2, \ldots, S_{q-1})$$

の形の一般的な表示式は, 寡聞にして知る機会を得ておりません.

ここでは, 累乗数 q が偶数と奇数の場合に分けて一般表示式を導いてみます.

2 漸化式の導出

$S_q(2n)$ は, 以下のように二とおりの数式で表されます.

$$
\begin{aligned}
\sum_{k=1}^{2n} k^q = S_q(2n) &= \sum_{k=1}^{n} k^q + \sum_{k=1}^{n} (n+k)^q \\
&= S_q(n) + \sum_{j=0}^{q} \binom{q}{j} n^{q-j} S_j(n) \qquad (1) \\
S_q(2n) &= \sum_{k=1}^{n} (2k)^q + \sum_{k=0}^{n-1} (2k+1)^q \\
&= 2^q S_q(n) + 1 + \sum_{k=1}^{n} (2k+1)^q - (2n+1)^q \\
&= 2^q S_q(n) + \sum_{j=0}^{q} \binom{q}{j} 2^j S_j(n) + (1 - (2n+1)^q) \qquad (2)
\end{aligned}
$$

(1),(2) を等しいとおけば

$$
\begin{aligned}
-(2^q - 1)S_q(n) &= 1 - (2n+1)^q + \sum_{j=0}^{q} \binom{q}{j} S_j(n)(2^j - n^{q-j}) \\
&= 1 - (2n+1)^q + \sum_{j=0}^{q-1} \binom{q}{j} S_j(n)(2^j - n^{q-j}) + S_q(n)(2^q - 1) \\
i.e. \quad 2(2^q - 1)S_q(n) &= -1 + (2n+1)^q - \sum_{j=0}^{q-1} \binom{q}{j} S_j(n)(2^j - n^{q-j}) \qquad (3)
\end{aligned}
$$

(3) は $S_q(n)$ を $\{S_1, S_2, \ldots, S_{q-1}\}$ の関数として表示するもので, q に関する漸化式と考えることができます.

たとえば, $q = 2$ の場合は $S_0(n) = n, S_1(n) = n(n+1)/2$ ですから

$$
\begin{aligned}
6S_2(n) &= (2n+1)^2 - 1 - \binom{2}{0}(1-n^2)S_0(n) - \binom{2}{1}(2-n)S_1(n) \\
&= 2n^3 + 3n^2 + n \\
i.e. \quad S_2(n) &= \frac{n(n+1)(2n+1)}{6}
\end{aligned}
$$

という良く知られた公式が得られます.

一方, $S_q(2n)$ は次のようにも表されます.

$$
\begin{aligned}
S_q(2n) &= \sum_{k=1}^{n}(2k)^q + \sum_{k=1}^{n}(2k-1)^q \\
&= 2^q S_q(n) + \sum_{j=0}^{q}\binom{q}{j}(-1)^{q-j}2^j S_j(n)
\end{aligned} \tag{4}
$$

(2),(4) を等しいとおけば

$$
\sum_{j=0}^{q}\binom{q}{j}\{1-(-1)^{q-j}\}2^j S_j(n) = (2n+1)^q - 1 \tag{5}
$$

(5) も $S_q(n)$ を計算する漸化式ですが, これを使えば累乗数 q の偶奇性に応じた $S_q(n)$ の一般公式が得られます.

なお, これ以降の議論では $S_q(n)$ の「和の項数 n」を省略して表示します.

2.1 $\quad q = 2p + 1$ の場合

(5) の左辺に $q = 2p + 1$ を代入すると

$$
\begin{aligned}
\sum_{j=0}^{2p+1}\binom{2p+1}{j}\{1-(-1)^j\}2^j S_j &= (2n+1)^{2p+1} - 1 \\
&= (2n+1-1)\sum_{l=0}^{2p}(2n+1)^l
\end{aligned}
$$

右辺の変形では, 等比数列の和の公式[1]を用いました.

この式の左辺では j が奇数の項は 0 ですから, $j = 2l$ として

$$
\begin{aligned}
2\sum_{l=0}^{p}\binom{2p+1}{2l}4^l S_{2l} &= 2n\sum_{l=0}^{2p}(2n+1)^l \\
i.e. \quad \sum_{l=0}^{p}\binom{2p+1}{2l}4^l S_{2l} &= n\sum_{l=0}^{2p}(2n+1)^l
\end{aligned} \tag{6}
$$

---

[1] $(x-1)\sum_{l=0}^{q}x^l = x^{q+1} - 1$

(6) の右辺の和因子を変形すると

$$\sum_{l=0}^{2p}(2n+1)^l = \sum_{l=0}^{2p-1}(2n+1)^l + (2n+1)^{2p}$$

$$= \sum_{l=0}^{p-1}(2n+1)^{2l} + \sum_{l=0}^{p-1}(2n+1)^{2l+1} + (2n+1)^{2p}$$

$$= 2(n+1)\sum_{l=0}^{p-1}(2n+1)^{2l} + (2n+1)^{2p}$$

この変形式を (6) に代入すると

$$n + \sum_{l=1}^{p}\binom{2p+1}{2l}4^l S_{2l} = 2n(n+1)\sum_{l=0}^{p-1}(2n+1)^{2l} + n(2n+1)^{2p}$$

$$\sum_{l=1}^{p}\binom{2p+1}{2l}4^l S_{2l} = 2n(n+1)\sum_{l=0}^{p-1}(2n+1)^{2l} + n(2n+1)^{2p} - n$$

$$= 2n(n+1)\sum_{l=0}^{p-1}(2n+1)^{2l} + n((2n+1)^{2p} - 1)$$

$$= 2n(n+1)\sum_{l=0}^{p-1}(2n+1)^{2l} + 2n^2\sum_{l=0}^{2p-1}(2n+1)^l$$

$$= 2n(n+1)\sum_{l=0}^{p-1}(2n+1)^{2l}$$

$$+ 2n^2\{\sum_{l=0}^{p-1}(2n+1)^{2l} + \sum_{l=0}^{p-1}(2n+1)^{2l+1}\}$$

$$= 2n(n+1)\sum_{l=0}^{p-1}(2n+1)^{2l} + 4n^2(n+1)\sum_{l=0}^{p-1}(2n+1)^{2l}$$

$$= 2n(n+1)(2n+1)\sum_{l=0}^{p-1}(2n+1)^{2l}$$

$$= 12S_2\sum_{l=0}^{p-1}(2n+1)^{2l}$$

$$\therefore \quad \sum_{l=1}^{p}\binom{2p+1}{2l}4^l S_{2l} = 12S_2\sum_{l=0}^{p-1}(2n+1)^{2l}$$

左辺の和から $l=p$ の項を取り出して変形すると

$$4^p(2p+1)S_{2p} = 12S_2\sum_{l=0}^{p-1}(2n+1)^{2l} - \sum_{l=1}^{p-1}\binom{2p+1}{2l}4^l S_{2l} \tag{7}$$

これは S_{2p} の漸化式です.

3

2.2　$q = 2p$ の場合

(5) の左辺に $q = 2p$ を代入すると, j が奇数の項のみが残りますから $j = 2l + 1$ と置換して

$$
\begin{aligned}
2\sum_{l=0}^{p-1} \binom{2p}{2l+1} 2^{2l+1} S_{2l+1} &= (2n+1)^{2p} - 1 \\
&= 2n \sum_{l=0}^{2p-1} (2n+1)^l \\
&= 4n(n+1) \sum_{l=0}^{p-1} (2n+1)^{2l} \\
&= 8S_1 \sum_{l=0}^{p-1} (2n+1)^{2l} \\
i.e. \quad \sum_{l=0}^{p-1} \binom{2p}{2l+1} 4^l S_{2l+1} &= 2S_1 \sum_{l=0}^{p-1} (2n+1)^{2l} \tag{8}
\end{aligned}
$$

(8) の左辺の $l = 0$ の項を取り出して整理すれば

$$
\begin{aligned}
\sum_{l=1}^{p-1} \binom{2p}{2l+1} 4^l S_{2l+1} &= 2S_1 \sum_{l=0}^{p-1} (2n+1)^{2l} - 2pS_1 \\
&= 2S_1 \sum_{l=1}^{p-1} ((2n+1)^{2l} - 1) \\
\\
&= 4nS_1 \sum_{l=1}^{p-1} \sum_{k=0}^{2l-1} (2n+1)^k \\
&= 8n(n+1)S_1 \sum_{l=1}^{p-1} \sum_{k=0}^{l-1} (2n+1)^{2k} \\
&= 16S_1^2 \sum_{l=1}^{p-1} \sum_{k=0}^{l-1} (2n+1)^{2k}
\end{aligned}
$$

$\sum_{l=1}^{p-1} \sum_{k=0}^{l-1} (2n+1)^{2k}$ の各項を並べ変えると $\sum_{l=1}^{p-1} (p-l)(2n+1)^{2l-2}$ となりますから

$$
\sum_{l=1}^{p-1} \binom{2p}{2l+1} 4^l S_{2l+1} = 16S_1^2 \sum_{l=1}^{p-1} (p-l)(2n+1)^{2l-2} \tag{9}
$$

(9) において, p を $(p+1)$ で置換すると

$$
\sum_{l=1}^{p} \binom{2p+2}{2l+1} 4^l S_{2l+1} = 16S_1^2 \sum_{l=1}^{p} (p+1-l)(2n+1)^{2l-2}
$$

右辺において, l を $(l-1)$ で置換すると

$$
\sum_{l=1}^{p} \binom{2p+2}{2l+1} 4^l S_{2l+1} = 16S_1^2 \sum_{l=0}^{p-1} (p-l)(2n+1)^{2l} \tag{10}
$$

左辺の和から $l = p$ の項を取り出して変形すると

$$4^p(2p+2)S_{2p+1} = 16S_1^2 \sum_{l=0}^{p-1}(p-l)(2n+1)^{2l} - \sum_{l=1}^{p-1} \begin{pmatrix} 2p+2 \\ 2l+1 \end{pmatrix} 4^l S_{2l+1} \tag{11}$$

これが S_{2p+1} の漸化式です.

次に, 以下のような関数 ϕ_{2p-2}, ψ_{2p-2} を導入します.($\phi_0 = \psi_0 = 1$ とします)

$$4^p(2p+1)\phi_{2p-2} := 12\sum_{l=0}^{p-1}(2n+1)^{2l} - \sum_{l=1}^{p-1} \begin{pmatrix} 2p+1 \\ 2l \end{pmatrix} 4^l \phi_{2l-2} \tag{12}$$

$$4^p(2p+2)\psi_{2p-2} := 16\sum_{l=0}^{p-1}(p-l)(2n+1)^{2l} - \sum_{l=1}^{p-1} \begin{pmatrix} 2p+2 \\ 2l+1 \end{pmatrix} 4^l \psi_{2l-2} \tag{13}$$

この ϕ_{2p-2}, ψ_{2p-2} を用いれば, (7),(11) は下記のように表されます.

$$S_{2p} = S_2\phi_{2p-2} = \frac{n(n+1)(2n+1)}{6}\phi_{2p-2} \tag{14}$$

$$S_{2p+1} = S_1^2\psi_{2p-2} = \frac{n^2(n+1)^2}{4}\psi_{2p-2} \tag{15}$$

定義式 (12),(13) から, ϕ_{2p-2}, ψ_{2p-2} はともに n の $(2p-2)$ 次多項式であることは明白です. 従って, S_{2p} は n の $(2p+1)$ 次多項式であり, S_{2p+1} は n の $(2p+2)$ 次多項式です. (一般に, S_q は n の $(q+1)$ 次多項式です)

3 多項式の係数

3.1 多項式 ϕ_{2p-2}

(12) は, 累乗数 p の小さい場合の表式を使って順次計算する一種の漸化式です. この漸化式から, ϕ_q を陽に含まない形の表式を導いてみます. $(q < 2p)$

そのために,

$$\Phi_p := 4^p\phi_{2p-2} \qquad M_p := \frac{12}{2p+1}\sum_{l=0}^{p-1}(2n+1)^{2l} \qquad A_l^p := \frac{1}{2p+1}\begin{pmatrix} 2p+1 \\ 2l \end{pmatrix}$$

と定義すると, 漸化式 (12) は

$$\Phi_p = M_p - \sum_{l=1}^{p-1} A_l^p \Phi_l$$

となります. そこで, 以下の要領で累乗数 p を降下させてゆきます.

$$\begin{aligned} \Phi_p = M_p - \sum_{l=1}^{p-1} A_l^p \Phi_l &= M_p - A_p^{p-1}\Phi_{p-1} - \sum_{l=1}^{p-2} A_l^p \Phi_l \\ &= M_p - A_p^{p-1}M_{p-1} + A_p^{p-1}\sum_{l=1}^{p-2} A_l^{p-1}\Phi_l - \sum_{l=1}^{p-2} A_l^p \Phi_l \end{aligned} \tag{16}$$

5

ここで, $\kappa_p := 1, \kappa_{p-1} := -A_{p-1}^p$ と定義すると

$$
\begin{aligned}
\Phi_p &= \sum_{k=0}^{1} \kappa_{p-k} M_{p-k} - \kappa_{p-1} \sum_{l=1}^{p-2} A_l^{p-1} \Phi_l - \kappa_p \sum_{l=1}^{p-2} A_l^p \Phi_l \\
&= \sum_{k=0}^{1} \kappa_{p-k} M_{p-k} - \sum_{l=1}^{p-2} C_l^1 \Phi_l \qquad \left(C_l^1 := \sum_{j=0}^{1} \kappa_{p-j} A_l^{p-j} \right)
\end{aligned} \tag{17}
$$

$$
\begin{aligned}
\sum_{l=1}^{p-2} C_l^1 \Phi_l &= \sum_{l=1}^{p-3} C_l^1 \Phi_l + C_{p-2}^1 \Phi_{p-2} \\
&= \sum_{l=1}^{p-3} C_l^1 \Phi_l + C_{p-2}^1 \left(M_{p-2} - \sum_{l=1}^{p-3} A_l^{p-2} \Phi_l \right) \\
&= C_{p-2}^1 M_{p-2} - C_{p-2}^1 \sum_{l=1}^{p-3} A_l^{p-2} \Phi_l + \sum_{l=1}^{p-3} C_l^1 \Phi_l \\
&:= -\kappa_{p-2} M_{p-2} + \sum_{l=1}^{p-3} C_l^2 \Phi_l
\end{aligned} \tag{18}
$$

ただし,

$$
\kappa_{p-2} := -C_{p-2}^1 = -\sum_{j=0}^{1} \kappa_{p-j} A_{p-2}^{p-j} \tag{19}
$$

$$
C_l^2 := C_l^1 - C_{p-2}^1 A_l^{p-2} = C_l^1 + \kappa_{p-2} A_l^{p-2} \tag{20}
$$

これらの計算結果を用いると

$$
\Phi_p = \sum_{k=0}^{2} \kappa_{p-k} M_{p-k} - \sum_{l=1}^{p-3} C_l^2 \Phi_l \tag{21}
$$

この漸化計算を $(p-2)$ 回繰り返せば,

$$
\begin{aligned}
\Phi_p &= \sum_{k=0}^{p-2} \kappa_{p-k} M_{p-k} - C_1^{p-2} \Phi_1 \\
&= \sum_{k=0}^{p-2} \kappa_{p-k} M_{p-k} - 4 \sum_{l=2}^{p} l \kappa_l \\
&= \sum_{l=2}^{p} \kappa_l (M_l - 4l)
\end{aligned} \tag{22}
$$

以上をまとめると

$$
\Phi_p = \sum_{l=2}^{p} \kappa_l (M_l - 4l) \tag{23}
$$

$$
M_l = \frac{12}{2l+1} \sum_{i=0}^{l-1} 4^i \left(n + \frac{1}{2} \right)^{2i} \tag{24}
$$

$$
\kappa_{p-k} = -C_{p-k}^{k-1} = -\sum_{i=0}^{k-1} \kappa_{p-i} A_{p-k}^{p-i}
$$

$$
= -\sum_{i=0}^{k-1} \frac{\kappa_{p-i}}{2p-2i+1} \begin{pmatrix} 2p-2i+1 \\ 2p-2k \end{pmatrix} \tag{25}
$$

次に, $(n+1/2) := \mu$ と定義して Φ_p を μ の多項式の形に変形します.

(23),(24) において, $K_l := 12\kappa_l/(2l+1)$ と置き換えると

$$
\begin{aligned}
\Phi_p &= \sum_{l=2}^{p} \frac{12\kappa_l}{2l+1} \sum_{i=0}^{l-1} 4^i \mu^{2i} - 4\sum_{l=2}^{p} l\kappa_l \\
&:= \sum_{l=2}^{p} K_l \sum_{i=0}^{l-1} (2\mu)^{2i} - 4\sum_{l=2}^{p} l\kappa_l
\end{aligned} \tag{26}
$$

(26) の第 1 項を 2μ の多項式として並べ変えると

$$
\sum_{l=2}^{p} K_l \sum_{i=0}^{l-1} (2\mu)^{2i} = \sum_{k=1}^{p-1} (2\mu)^{2k} \sum_{l=k+1}^{p} K_l + \sum_{l=2}^{p} K_l \tag{27}
$$

従って

$$
\begin{aligned}
\Phi_p &= \sum_{k=1}^{p-1} (2\mu)^{2k} \sum_{l=k+1}^{p} K_l + \sum_{l=2}^{p} K_l - 4\sum_{l=2}^{p} l\kappa_l \\
&:= \sum_{k=1}^{p-1} (\mu)^{2k} \alpha'_{2k} + \alpha'_0
\end{aligned} \tag{28}
$$

$$
\alpha'_{2k} := 4^k \sum_{l=k+1}^{p} \frac{12\kappa_l}{2l+1} \tag{29}
$$

$$
\begin{aligned}
\alpha'_0 &:= \sum_{l=2}^{p} \left(\frac{12\kappa_l}{2l+1} - 4k\kappa_l \right) \\
&= -4\sum_{l=2}^{p} \frac{(l-1)(2l+3)\kappa_l}{2l+1}
\end{aligned} \tag{30}
$$

$\Phi_p = 4^p \phi_{2p-2}$ ですから, ϕ_{2p-2} の係数を $\{\alpha_{2k}\}$ と表せば

$$
\phi_{2p-2} = \sum_{k=0}^{p-1} \alpha_{2k} \mu^{2k} \tag{31}
$$

$$
\alpha_{2k} = 4^{-p} \alpha'_{2k} = 3 \times 4^{k+1-p} \sum_{l=k+1}^{p} \frac{\kappa_l}{2l+1} \tag{32}
$$

$$
\alpha_0 = -4^{1-p} \sum_{l=2}^{p} \frac{(l-1)(2l+3)\kappa_l}{2l+1} \tag{33}
$$

最後に, μ^{2k} を n について展開すれば

$$
\begin{aligned}
\phi_{2p-2} = \sum_{l=0}^{p-1} \alpha_{2l} \mu^{2l} &= \sum_{l=0}^{p-1} \alpha_{2l} \left(n + \frac{1}{2} \right)^{2l} \\
&= \sum_{l=0}^{p-1} \alpha_{2l} \sum_{k=0}^{2l} \begin{pmatrix} 2l \\ k \end{pmatrix} n^k 2^{k-2l}
\end{aligned} \tag{34}
$$

(34) を n の多項式として並べ変えて, n^q の係数を a_q とすれば

$$\phi_{2p-2} = \sum_{q=0}^{2p-2} a_q n^q \tag{35}$$

$$a_{2k+1} = \sum_{l=k+1}^{p-1} \alpha_{2l} \begin{pmatrix} 2l \\ 2k+1 \end{pmatrix} 2^{2k+1-2l} \tag{36}$$

$$a_{2k} = \sum_{l=k}^{p-1} \alpha_{2l} \begin{pmatrix} 2l \\ 2k \end{pmatrix} 2^{2k-2l} \tag{37}$$

これが ϕ_{2p-2} の多項式表示です.

3.2 多項式 ψ_{2p-2}

計算の要領は ϕ_{2p-2} の場合と全く同じで, 結果は次のとおりです.

$$\psi_{2p-2} = \sum_{k=0}^{p-1} \beta_{2k} \left(n + \frac{1}{2} \right)^{2k} \tag{38}$$

$$\beta_{2k} = 2 \times 4^{k+1-p} \sum_{l=k+1}^{p} \lambda_l \frac{l-k}{l+1} \tag{39}$$

$$\beta_0 = -\frac{4^{1-p}}{3} \sum_{l=2}^{p} \lambda_l \frac{l(l-1)(2l+5)}{l+1} \tag{40}$$

ただし, λ_l は κ_l の代わりに以下のように定義されます.

$$\lambda_{p-k} := -\sum_{i=0}^{k-1} \frac{\lambda_{p-i}}{2p-2i+2} \begin{pmatrix} 2p-2i+2 \\ 2p-2k+1 \end{pmatrix} \tag{41}$$

そして, $\left(n + \frac{1}{2} \right)^{2k}$ を n について展開整理すれば

$$\psi_{2p-2} = \sum_{q=0}^{2p-2} b_q n^q \tag{42}$$

$$b_{2k+1} = \sum_{l=k+1}^{p-1} \beta_{2l} \begin{pmatrix} 2l \\ 2k+1 \end{pmatrix} 2^{2k+1-2l} \tag{43}$$

$$b_{2k} = \sum_{l=k}^{p-1} \beta_{2l} \begin{pmatrix} 2l \\ 2k \end{pmatrix} 2^{2k-2l} \tag{44}$$

これまでに得られた表示式をまとめておきます.

$$S_q = \sum_{k=1}^{n} k^q \tag{45}$$

$$S_{2p} = S_2 \phi_{2p-2} \tag{46}$$

$$S_{2p+1} = (S_1)^2 \psi_{2p-2} \tag{47}$$

$$\phi_{2p-2} \quad = \quad \sum_{k=0}^{2p-2} a_k n^k \qquad (48)$$

$$\psi_{2p-2} \quad = \quad \sum_{k=0}^{2p-2} b_k n^k \qquad (49)$$

S_{2p}では共通因子 S_2があるのに対して S_{2p+1}での共通因子は $(S_1)^2$です. この共通因子の存在は, 4以上の累乗数の場合の和を計算すればすぐに気づくことです.

(48) , (49) では, 簡潔な n の多項式として表示されていますが, その係数 a_k は $\{\kappa_p, \kappa_{p-1}, \ldots, \kappa_{p-k+1}\}$ を使って算出しなければなりません. 従って, 数値計算する場合の処理手順（アルゴリズム）は簡単ですが, その処理速度に問題があるかも知れません.

ここで, 具体的な計算結果を示しておきます. $(\mu := n + 1/2)$

$$\phi_2 = \frac{3}{5}\mu^2 - \frac{7}{20} \qquad : \qquad \psi_2 = \frac{2}{3}\mu^2 - \frac{1}{2}$$

$$\phi_4 = \frac{3}{7}\mu^4 - \frac{9}{14}\mu^2 + \frac{31}{112} \qquad : \qquad \psi_4 = \frac{1}{2}\mu^4 - \frac{11}{12}\mu^2 + \frac{17}{32}$$

$$\phi_6 = \frac{1}{3}\mu^6 - \frac{11}{12}\mu^4 + \frac{239}{240}\mu^2 - \frac{127}{320} \qquad : \qquad \psi_6 = \frac{2}{5}\mu^6 - \frac{13}{10}\mu^4 + \frac{71}{40}\mu^2 - \frac{31}{32}$$

4 多項式の性質

4.1 対称性

(31) , (38) より $\mu = (n + 1/2)$ として

$$\phi_{2p-2} = \sum_{k=0}^{p-1} \alpha_{2k}\mu^{2k} \qquad : \qquad \psi_{2p-2} = \sum_{k=0}^{p-1} \beta_{2k}\mu^{2k}$$

これらは, $\mu = 0$ なる軸に関して左右対称な関数です.

そして,

$$S_1(\mu) = \frac{1}{2}\left(\mu^2 - \frac{1}{4}\right) \qquad : \qquad S_2(\mu) = \frac{1}{6}\mu\left(\mu^2 - \frac{1}{4}\right)$$

ですから, μの関数として S_1は対称で S_2は反対称です.$(3S_2 = \mu S_1)$

S_1 の表式を変形すると, $\mu^2 = 2S_1 + 1/4$ となりますから,

$$\phi_{2p-2} = \sum_{k=0}^{p-1} \alpha_{2k}\left(2S_1 + \frac{1}{4}\right)^k \qquad : \qquad \psi_{2p-2} = \sum_{k=0}^{p-1} \beta_{2k}\left(2S_1 + \frac{1}{4}\right)^k$$

これより, ϕ_{2p-2}, ψ_{2p-2} は S_1 の (p-1) 次多項式として表せることになります. そして

$$S_{2p} = 12S_2\phi_{2p-2} = 4\mu S_1\phi_{2p-2} \qquad : \qquad S_{2p+1} = 16S_1^2\psi_{2p-2}$$

ですから, S_{2p}は μと S_1の p 次多項式との積 の形となり, S_{2p+1}は S_1 の $(p+1)$ 次多項式 の形となります. この様に, S_q が S_1 の多項式となることは, ファウルハーバーによって探求されました.(文献 [4] 参照)

9

4.2 係数の代数和

係数の代数和として, 以下のような関係式が成り立ちます.

$$\sum_{k=0}^{2p-2} a_k = 1 \qquad : \qquad \sum_{k=0}^{2p-2} b_k = 1 \tag{50}$$

$$\sum_{k=0}^{p-2} a_{2k+1} = \sum_{k=0}^{p-2} a_{2k+2} \qquad : \qquad \sum_{k=0}^{p-2} b_{2k+1} = \sum_{k=0}^{p-2} b_{2k+2} \tag{51}$$

$$\sum_{k=0}^{p-1} \alpha_{2k} = 4^{1-p} \tag{52}$$

これらの係数和の関係式は, 累乗和の計算結果の検算に役立ちます.

(50) の関係は, $S_q(n=1) = \sum_{k=1}^{1} k^q = 1$ より自明ですが, 数学的帰納法によっても証明できます.(51) は ϕ_{2p-2}, ψ_{2p-2} の対称性から導かれます.

[(51) の証明]

ここでは, 添字 $(2p-2)$ を略します.

$\phi(n)$ は $n = -1/2$ なる軸に関して左右対称ですから $\phi(-1/2 - 1/2) = \phi(-1/2 + 1/2)$ つまり $\phi(-1) = \phi(0)$ です. 一方,

$$\phi(n) = \sum_{k=0}^{p-1} a_{2k} n^{2k} + \sum_{k=0}^{p-2} a_{2k+1} n^{2k+1}$$

この関係式に $n = 0$, および -1 を代入すると

$$\phi(0) = a_0$$

$$\phi(-1) = \sum_{k=0}^{p-1} a_{2k} - \sum_{k=0}^{p-2} a_{2k+1}$$

$$= a_0 + \sum_{k=1}^{p-1} a_{2k} - \sum_{k=0}^{p-2} a_{2k+1}$$

$$= \phi(0) + \sum_{k=0}^{p-2} a_{2k+2} - \sum_{k=0}^{p-2} a_{2k+1}$$

$\phi(0) = \phi(-1)$ ですから,

$$\sum_{k=0}^{p-2} a_{2k+2} = \sum_{k=0}^{p-2} a_{2k+1}$$

$\psi(n)$ についても全く同様ですから,

$$\sum_{k=0}^{p-2} b_{2k+2} = \sum_{k=0}^{p-2} b_{2k+1}$$

なお, (50) の関係式を加味すると

$$\sum_{k=0}^{p-2} a_{2k+1} = \sum_{k=0}^{p-2} a_{2k+2} = \frac{1-a_0}{2} \qquad : \qquad \sum_{k=0}^{p-2} b_{2k+1} = \sum_{k=0}^{p-2} b_{2k+2} = \frac{1-b_0}{2}$$

[証明終]

次に, (52) の証明に入ります.

[(52) の証明]

まづ, $\phi_{2p-2}(\mu=1) = \sum_{k=0}^{p-1} \alpha_{2k}$ に注意します.

一方, ϕ_{2p-2} は (12) によって定義されました.

$$4^p(2p+1)\phi_{2p-2} = 12\sum_{l=0}^{p-1}(2n+1)^{2l} - \sum_{l=1}^{p-1}\begin{pmatrix} 2p+1 \\ 2l \end{pmatrix}4^l\phi_{2l-2}$$

引数を $\mu = n+1/2$ に変更すれば

$$4^p(2p+1)\phi_{2p-2}(\mu) = 12\sum_{l=0}^{p-1}(2\mu)^{2l} - \sum_{l=1}^{p-1}\begin{pmatrix} 2p+1 \\ 2l \end{pmatrix}4^l\phi_{2l-2}(\mu)$$

$\mu=1$ を代入すると

$$
\begin{aligned}
4^p(2p+1)\phi_{2p-2}(1) &= 12\sum_{l=0}^{p-1}4^l - \sum_{l=1}^{p-1}\begin{pmatrix} 2p+1 \\ 2l \end{pmatrix}4^l\phi_{2l-2}(1) \\
&= 4(4^p-1) - \sum_{l=1}^{p-1}\begin{pmatrix} 2p+1 \\ 2l \end{pmatrix}4^l\phi_{2l-2}(1) \quad (53)
\end{aligned}
$$

(53) を使って, 数学的帰納法により (52) を示します.

まづ $p=2$ のときは, 実際に計算してみれば $\phi_2(1) = 4^{-1} = 4^{1-2}$ であることがわかります.

そこで, $2 \le l \le (p-1)$ なる l に対して $\phi_{2l-2}(1) = 4^{1-l}$ と仮定して (53) に代入すると

$$4^{p-1}(2p+1)\phi_{2p-2}(1) = (4^p-1) - \sum_{l=1}^{p-1}\begin{pmatrix} 2p+1 \\ 2l \end{pmatrix} \quad (54)$$

ところが,

$$
\begin{aligned}
\sum_{l=1}^{p-1}\begin{pmatrix} 2p+1 \\ 2l \end{pmatrix} &= \sum_{l=0}^{p}\begin{pmatrix} 2p+1 \\ 2l \end{pmatrix} - 1 - \begin{pmatrix} 2p+1 \\ 2p \end{pmatrix} \\
&= 4^p - 1 - (2p+1)
\end{aligned}
$$

ここでは, 公式 $\sum_{l=0}^{p}\begin{pmatrix} 2p+1 \\ 2l \end{pmatrix} = 4^p$ を用いています.[2]

この結果を (54) に代入すると

$$
\begin{aligned}
4^{p-1}(2p+1)\phi_{2p-2}(1) &= (2p+1) \\
i.e. \quad \phi_{2p-2}(1) &= 4^{1-p}
\end{aligned}
$$

つまり, $l=p$ のときも所要の関係式が成り立ちます.

よって, 常に $\sum_{k=0}^{p-1}\alpha_{2k} = 4^{1-p}$ が成り立ちます.

[証明終]

ここで得られた結果によれば $\lim_{p\to\infty}\sum_{k=0}^{p-1}\alpha_{2k} = 0$ ですから, 係数 $\{\alpha_{2k}\}$ の符号が全て同一ではあり得ないことがわかります. (次節で示すように添字 k とともに交互反転しています)

---

[2] 岩波数学公式 II,p11 参照

4.3 係数の符号

第3-2節で示した計算例から, 多項式 $\phi(\mu), \psi(\mu)$ の係数の符号が, 次数とともに交互反転していると推測されますがこれは, 以下のように証明されます.

[証明]

ϕ_{2p-2} の定義は

$$4^p(2p+1)\phi_{2p-2} = 12\sum_{l=0}^{p-1}4^l\mu^{2l} - \sum_{l=1}^{p-1}\binom{2p+1}{2l}4^l\phi_{2l-2} \tag{55}$$

であり, 多項式の形にまとめると

$$\phi_{2p-2} = \sum_{k=0}^{p-1}\alpha_{2k}(p)\mu^{2k} \tag{56}$$

でした. (56) では 係数が累乗数に依存することを強調するために $\alpha_{2k}(p)$ と記しています.

(55) と (56) の比較により, μ^{2p-2} の係数は

$$\alpha_{2p-2}(p) = \frac{3}{2p+1} > 0$$

となり正値です.

そこで, (55) において累乗数 p を $(p+1)$ で置換すると

$$
\begin{aligned}
4^{p+1}(2p+3)\phi_{2p} &= 12\sum_{l=0}^{p}4^l\mu^{2l} - \sum_{l=1}^{p}\binom{2p+3}{2l}4^l\phi_{2l-2} \\
&= 12\times 4^p\mu^{2p} - \binom{2p+3}{2p}4^p\phi_{2p-2} + 12\sum_{l=0}^{p-1}4^l\mu^{2l} - \sum_{l=1}^{p-1}\binom{2p+3}{2l}4^l\phi_{2l-2} \\
&= 12\times 4^p\mu^{2p} - \frac{(p+1)(2p+1)(2p+3)}{3}4^p\phi_{2p-2} + 4^p(2p+1)\phi_{2p-2} \\
&\quad + \sum_{l=1}^{p-1}\binom{2p+1}{2l}4^l\phi_{2l-2} - \sum_{l=1}^{p-1}\binom{2p+3}{2l}4^l\phi_{2l-2}
\end{aligned}
$$

ここで,

$$
\begin{aligned}
\binom{2p+1}{2l} - \binom{2p+3}{2l} &= \binom{2p+1}{2l}\left(1 - \frac{(p+1)(2p+3)}{(2p-2l+3)(p-l+!)}\right) \\
&= -\binom{2p+1}{2l}\frac{l(4p-2l+5)}{(p-l+1)(2p-2l+3)}
\end{aligned}
$$

と変形されますから

$$
\begin{aligned}
4^{p+1}(2p+3)\phi_{2p} &= 12\times 4^p\mu^{2p} - (2p+1)4^p\phi_{2p-2}\frac{p(2p+5)}{3} \\
&\quad - \sum_{l=1}^{p-1}\binom{2p+1}{2l}\frac{l(4p-2l+5)}{(p-l+1)(2p-2l+3)}4^l\phi_{2l-2}
\end{aligned}
$$

そこで

$$K_l := 4^{1-l-p} \begin{pmatrix} 2p+1 \\ 2l \end{pmatrix} \frac{l(4p-2l+5)}{(p-l+1)(2p-2l+3)} (>0)$$

と定義すると

$$
\begin{aligned}
(2p+3)\phi_{2p} &= 3\mu^{2p} - (2p+1)\phi_{2p-2}\frac{p(2p+5)}{12} - \sum_{l=1}^{p-1} K_l \phi_{2l-2} \\
&= 3\mu^{2p} - \frac{p(2p+1)(2p+5)}{12}\sum_{k=0}^{p-1}\alpha_{2k}\mu^{2k} - \sum_{l=1}^{p-1}K_l\sum_{k=0}^{l-1}\alpha_{2k}\mu^{2k} \\
&= 3\mu^{2p} - \frac{p(2p+1)(2p+5)}{12}\sum_{k=0}^{p-1}\alpha_{2k}\mu^{2k} - \sum_{k=0}^{p-2}\mu^{2k}\alpha_{2k}\sum_{i=k+1}^{p-2}K_i \\
&:= 3\mu^{2p} - \frac{p(2p+1)(2p+5)}{12}\alpha_{2p-2}(p)\mu^{2p-2} - \sum_{k=0}^{p-2}D_{2k}\mu^{2k}
\end{aligned}
$$

よって

$$\phi_{2p} = \frac{3}{2p+3}\mu^{2p} - \frac{p(2p+1)(2p+5)}{12(2p+3)}\alpha_{2p-2}(p)\mu^{2p-2} - \sum_{k=0}^{p-2}D_{2k}\mu^{2k} \tag{57}$$

ただし

$$D_{2k} := \alpha_{2k}(p)\left(\frac{p(2p+3)(2p+5)}{12} + \sum_{i=0}^{p-2}K_i\right)\frac{1}{2p+3} \tag{58}$$

(57) より $\alpha_{2p}(p+1) = 3/(2p+3) > 0$, $\alpha_{2p-2}(p+1) = -\frac{3p(2p+1)(2p+5)}{12(2p+3)(2p+1)}\alpha_{2p-2}(p) < 0$ であることがわかります.

そこで, 係数符号の交互反転を示すために, p 以下の次数の場合の係数の符号は交互反転すると仮定します. つまり, $\alpha_{2k}(p) = (-1)^{p-1-k}|\alpha_{2k}|$ とします. このとき (57) の右辺第 3 項より

$$\alpha_{2k}(p+1) = -D_{2k} \qquad (k \le (p-2))$$

ですが, D_{2k} の符号は (58) より $\alpha_{2k}(p)$ の符号で決まりますから, $\alpha_{2k}(p+1)$ の符号は $\alpha_{2k}(p)$ の符号と反対です. よってその符号は, $(-1)^{p-k}$ となり, 次数が $(p+1)$ の場合も交互反転していることになります.

$\psi(\mu)$ の場合も同様に示すことができます. [**証明終**]

4.4 零点

第 2 節で示したように

$$
\begin{aligned}
S_{2p} &= S_2\phi_{2p-2} = \frac{n(n+1)(2n+1)}{6}\phi_{2p-2} \\
S_{2p+1} &= S_1^2\psi_{2p-2} = \frac{n^2(n+1)^2}{4}\psi_{2p-2}
\end{aligned}
$$

と表示されました.

これをみれば, ϕ_{2p-2}, ψ_{2p-2} が有理数係数の因数に分解できないかどうかに興味がわきます. これに関連して, 次の 2 つの命題が成り立ちます.

[命題 1] p が偶数の場合は, 少なくとも一組の実数零点をもちます.

[命題 2] 有理数零点は存在しません.

[命題 1 の証明]

$p = 2q$ の場合, 前節で示した係数符号規則により

$$\phi_{2p-2}(\mu = 0) = \alpha_0 = |\alpha_0|(-1)^{p-1} = |\alpha_0|(-1)^{2q-1} = -|\alpha_0| < 0$$

一方, 最高次数項の係数は $\alpha_{2p-2} = 3/(2p+1) > 0$ ですから,

$$\lim_{\mu \to \infty} \phi_{2p-2}(\mu) = +\infty (> 0)$$

よって, 連続関数の性質により区間 $(0, +\infty)$ の中に少なくとも一個の実数零点をもちます. そして, 第 4-2 節の係数和の関係から

$$\phi_{2p-2}(\mu = 3/2) = \phi_{2p-2}(n = 1) = 1 > 0$$

よって, より狭い区間 $(0, 3/2)$ の中に少なくとも一個の実数零点をもちます.

ψ_{2p-2} についても同様です.

なお, $S_q(n)$ の定義から明らかなように, この零点は正整数ではあり得ません.

[命題 1 の証明終]

次に, 有理数零点に関する命題 2 を証明します.

[命題 2 の証明]

仮に, 有理数 μ が $\phi(\mu)$ の零点であるとすると, 式 (55) より

$$3\sum_{l=0}^{p-1} 4^l \mu^{2l} = \sum_{l=1}^{p-1} 4^l \begin{pmatrix} 2p+1 \\ 2l \end{pmatrix} \phi_{2l-2}(\mu) \tag{59}$$

$\phi_{2l-2}(\mu) = \sum_{k=0}^{l-1} \alpha_{2k}(l)\mu^{2k}$ と表せますから、これを式 (59) に代入すれば、

$$3\sum_{l=0}^{p-1} 4^l \mu^{2l} = \sum_{k=0}^{p-2} C_k x^{2k} \qquad \left(C_k := \sum_{l=k+1}^{p-2} 4^l \begin{pmatrix} 2p+1 \\ 2l \end{pmatrix} \alpha_{2k}(l) \right) \tag{60}$$

次に、$u(k,l)(>0), v(k,l)$ を整数として

$$\begin{aligned} \alpha_{2k}(l) &:= v(k,l)/u(k,l) \\ u &:= \prod_{k,l} u(k,l) \\ w(k,l) &:= \prod_{i \neq k, j \neq l} u(i,j) \end{aligned}$$

と定義すれば、$u > 0, w(k,l) > 0$ であり

$$C_k = \sum_{l=k+1}^{p-2} 4^l \begin{pmatrix} 2p+1 \\ 2l \end{pmatrix} v(k,l)w(k,l)/u := d_k/u$$

と表され、式 (60) は次の様に変形されます.

$$3u\sum_{k=0}^{p-1}4^k\mu^{2k}=\sum_{k=0}^{p-2}d_k\mu^{2k}\tag{61}$$

そして、$t,s(>0)$ を互いに素な整数として、$\mu=t/s$ を式 (61) に代入すれば

$$3u\sum_{k=0}^{p}2^{2k}t^{2k}s^{2p-2k}=\sum_{k=0}^{p-1}d_kt^{2k}s^{2p-2k}\tag{62}$$

となります. そこで、u,t,s,d_k を下記の様に表わします.

$$
\begin{aligned}
u &= 2^{\alpha}(2U+1) & (u>0)\\
t &= \epsilon(t)2^{\tau}(2T+1)\\
s &= 2^{\sigma}(2S+1) & (s>0)\\
d_k &= \epsilon(k)2^{\delta(k)}(2D_k+1)
\end{aligned}
$$

ただし, $\epsilon(t),\epsilon(k)$ は符号関数です.

このとき,

$$
\begin{aligned}
t^{2k} &= 2^{2k\tau}(2T+1)^{2k}:=2^{\tau'}(2T'+1)\\
s^{2k} &= 2^{2k\sigma}(2S+1)^{2k}:=2^{\sigma'}(2S'+1)
\end{aligned}
$$

のように表されます. そして, 一般に, $2^a(2A+1)\times 2^b(2B+1)=2^c(2C+1)$ のように変形できますから, 式 (62) は次の形に変形されます.($\epsilon(j)$ は符号関数)

$$\sum_i 2^{a_i}(2A_i+1)=\sum_j \epsilon(j)2^{b_j}(2B_j+1)\tag{63}$$

もし、両辺に 2 の累乗指数の等しい項があれば、それらを右辺にまとめます. 指数の等しい項が偶数個の時、まとめた項は $2^b\times$ (偶数) の形で、これは $2^{b+\beta}\times$ (奇数) と変形され, 指数が増加します. もし、再び同一指数の項が発生したら、上記の移項操作を繰り返します. こうして、全ての指数が異なる項から成る式 (63) の形の式に帰着します.

そこで、$\{a_i,b_j\}$ の最小値を a_m とすれば、式 (63) より

$$\sum_{i\neq m}2^{a_i-a_m}(2A_i+1)+(2A_m+1)=\sum_j \epsilon(j)2^{b_j-a_m}(2B_j+1)\tag{64}$$

が得られ、奇数が偶数に等しいと言う矛盾が生じます.(b_n が最小値の場合も同様です)

よって、$\phi_{2p-2}(\mu)$ は有理数零点をもちません.

$\psi_{2p-2}(\mu)$ についても全く同様に証明されます.

[命題 2 の証明終]

なお、累乗数 p があまり大きくない範囲での数値解析によれば、p が奇数 $(2k+1)$ のとき、以下のようなことが確認されます.

(1) ϕ_4 は実数零点をもちません. $\phi_{4k}(k\geq 2)$ は実数零点をもつと推定されます.

(2) $\psi_{4k}(k\geq 1)$ は実数零点をもたないと推定されます.

5 κ, λ の母関数

多項式 ϕ, ψ の係数の算出では, 第 3 節の式 (25),(41) で定義されたパラメーター $\{\kappa_{p-k}, \lambda_{p-k}\}$ が用いられています.

$$\kappa_{p-k} = -\sum_{i=0}^{k-1} \frac{\kappa_{p-i}}{2p-2i+1} \begin{pmatrix} 2p-2i+1 \\ 2p-2k \end{pmatrix} \tag{65}$$

$$\lambda_{p-k} = -\sum_{i=0}^{k-1} \frac{\lambda_{p-i}}{2p-2i+2} \begin{pmatrix} 2p-2i+2 \\ 2p-2k+1 \end{pmatrix} \tag{66}$$

(65) の右辺を変形すると

$$\kappa_{p-k} = -\sum_{i=0}^{k-1} \frac{\kappa_{p-i}(2p-2i)!}{(2k-2i+1)!(2p-2k)!}$$

そこで, $K_{p-k} := \kappa_{p-k}(2p-2k)!$ と定義すると, 上式は次式のようになります.

$$K_{p-k} = -\sum_{i=0}^{k-1} \frac{K_{p-i}}{(2k-2i+1)!} \tag{67}$$

(67) 式から, K_{p-k} は K_p の定数倍になることがわかりますから, γ_k を定数として

$$\begin{aligned} K_{p-k} &= \gamma_k K_p = \gamma_k (2p)! \\ i.e. \quad \kappa_{p-k} &= \frac{(2p)!}{(2p-2k)!} \gamma_k \end{aligned} \tag{68}$$

と表されます. そして, (67) を γ_k で表すと

$$\gamma_k = -\sum_{i=0}^{k-1} \frac{\gamma_i}{(2k-2i+1)!}$$

$$i.e. \quad \sum_{i=0}^{k} \frac{\gamma_i}{(2k-2i+1)!} = 0 \tag{69}$$

さらに, $g_{2i} = (2i)!\gamma_i$ と定義すると

$$\sum_{i=0}^{k} \frac{\gamma_i}{(2k-2i+1)!} = \sum_{i=0}^{k} \frac{g_{2i}}{(2k-2i+1)!(2i)!} = 0$$

上式の両辺を $(2k+1)!$ 倍すると

$$\begin{aligned} \sum_{i=0}^{k} \frac{(2k+1)! g_{2i}}{(2k-2i+1)!(2i)!} &= 0 \\ i.e. \quad \sum_{i=0}^{k} \begin{pmatrix} 2k+1 \\ 2i \end{pmatrix} g_{2i} &= 0 \end{aligned} \tag{70}$$

そして, $K_{p-k} = \gamma_k(2p)! = (2p)!g_{2k}/(2k)!$ の関係から

$$\kappa_{p-k} = \begin{pmatrix} 2p \\ 2k \end{pmatrix} g_{2k} \tag{71}$$

次に, λ_{p-k} については $L_{p-k} := \lambda_{p-k}(2p-2k+1)!$ とおくと, 定数 δ_k を使って $L_{p-k} = \delta_k L_p = \delta_k(2p+1)!$ と表せます. そして, $h_{2k} := (2k)!\delta_k$ と定義すれば

$$\lambda_{p-k} = \frac{(2p+1)!}{(2p-2k+1)!}\delta_k \tag{72}$$

$$= \begin{pmatrix} 2p+1 \\ 2k \end{pmatrix} h_{2k} \tag{73}$$

$$\sum_{i=0}^{k} \begin{pmatrix} 2k+1 \\ 2i \end{pmatrix} h_{2i} = 0 \tag{74}$$

(70),(74) から g_{2k} と h_{2k} は, 同一の漸化式を満足していることがわかります.

そこで, (70) を使って g_{2k} の母関数を導き出してみます.

そのために, $\{\alpha_{2m}\}$ を実数列として以下の関数を導入します. (G(x) が g_{2k} の母関数です)

$$G(x) := \sum_{l=0}^{\infty} \frac{g_{2l}}{(2l)!} x^{2l} \quad , \quad A(x) := \sum_{m=0}^{\infty} \alpha_{2m} x^{2m} \quad , \quad B(x) := G(x) \times A(x) := \sum_{j=0}^{\infty} \beta_{2j} x^{2j}$$

$B(x)$ の定義式より

$$\sum_{j=0}^{\infty} \beta_{2j} x^{2j} = \sum_{l=0}^{\infty} \sum_{m=0}^{\infty} \frac{g_{2l}}{(2l)!} \alpha_{2m} x^{2l+2m}$$

$$= \sum_{j=0}^{\infty} \sum_{l=0}^{j} \frac{g_{2l}}{(2l)!} \alpha_{2j-2l} x^{2j}$$

係数を比較して

$$\beta_{2j} = \sum_{l=0}^{j} \frac{g_{2l}}{(2l)!} \alpha_{2j-2l}$$

$$= \sum_{l=0}^{j} \begin{pmatrix} 2j+1 \\ 2l \end{pmatrix} g_{2l} \frac{(2j-2l+1)!}{(2j+1)!} \alpha_{2j-2l}$$

$$:= \sum_{l=0}^{j} \begin{pmatrix} 2j+1 \\ 2l \end{pmatrix} g_{2l} C(j,l) \tag{75}$$

ここで, (75) の因子 $C(j,l)$ が l に依存しない定数 c_j で表せると仮定すると

$$c_j := \frac{(2j-2l+1)!}{(2j+1)!} \alpha_{2j-2l} \tag{76}$$

$$i.e. \quad \alpha_{2j-2l} = \frac{(2j+1)!}{(2j-2l+1)!} c_j \tag{77}$$

17

(77) において $l = j$ とおくと $\alpha_0 = (2j+1)! c_j$ となりますから

$$\alpha_{2j-2l} = \frac{\alpha_0}{(2j-2l+1)!} \tag{78}$$

そして, (70) を考慮すれば

$$\sum_{l=0}^{j} \begin{pmatrix} 2j+1 \\ 2l \end{pmatrix} g_{2l} = 0$$

ですから, $j \neq 0$ のとき $\beta_{2j} = c_j \sum_{l=0}^{j} \begin{pmatrix} 2j+1 \\ 2l \end{pmatrix} g_{2l} = 0$ となります.

ただし, $j = 0$ のときは $\beta_0 = g_0 c_0 = \alpha_0$ ですから, 下記の表式が得られます.

$$A(x) = \sum_{m=0}^{\infty} \frac{\alpha_0}{(2m+1)!} x^{2m} \tag{79}$$

$$= \frac{\alpha_0}{x} \sinh(x) \tag{80}$$

$$B(x) = \alpha_0 \tag{81}$$

従って

$$G(x) = \frac{B(x)}{A(x)} = \frac{x}{\sinh(x)} \tag{82}$$

$$= \frac{2x}{e^x - e^{-x}} \tag{83}$$

この $G(x)$ が $\{g_{2k}\}$ の母関数で

$$\frac{\mathrm{d}^{2k} G(x)}{\mathrm{d} x^{2k}}\big|_{x=0} = g_{2k} \tag{84}$$

のように算出されます.

以上の議論は $\{h_{2k}\}$ についても成り立ちますから, やはり (84) の左辺より算出されて同一の値となります. よって

$$\kappa_{p-k} = \begin{pmatrix} 2p \\ 2k \end{pmatrix} g_{2k} \tag{85}$$

$$\lambda_{p-k} = \begin{pmatrix} 2p+1 \\ 2k \end{pmatrix} g_{2k} = \frac{2p+1}{2p+1-2k} \kappa_{p-k} \tag{86}$$

6 ベルヌーイ数による $S_q(n)$ の表式

第 1 節の冒頭に記したように, $S_q(n)$ の表式としてはベルヌーイ数を係数とする多項式表示が広く知られています.

その導出の仕方としては, 次のようなものが見受けられます. [1]

(1) q 次多項式 $f(x)$ で, $(q+1)$ 個の点 $(j, f(j))$ $(0 \leq j \leq q)$ を通る様なものを表す「差分和公式」で, 特に $f(j) = \sum_{k=1}^{j} k^q$ の場合, $f(n) = S_q(n)$ となります. これは、ベルヌーイ の見出し

た多項式で、係数の構成因子にベルヌーイ数が含まれています.

(2) 関数 $f(x)$ の和 $\sum_{k=1}^{n} f(k)$ を表す「オイラー・マクローリンの級数公式」においては、係数の構成因子にベルヌーイ数が含まれていて、$f(x) = x^q$ の時 $S_q(n)$ となります.
ここでは、$S_q(n)$ の漸化式の一つを、実数関数 x^q との関連から導いてみます.

6.1 漸化式の導出

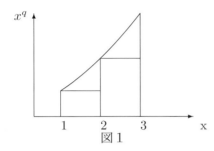
図 1

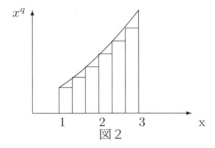
図 2

$\sum_{k=1}^{n} k^q$ は、図 1 に示す短冊部分の面積と考えられます.（図 1 は n = 2 の場合）
そこで、各区間 (k,k+1) を r 等分した図 2 に示す短冊部分の面積を $f_q^r(n)$ とすると

$$f_q^r(n) = \sum_{k=1}^{n}\sum_{i=0}^{r-1}\left(k+\frac{i}{r}\right)^q \times \frac{1}{r} = \sum_{k=1}^{n}\sum_{i=0}^{r-1}\sum_{l=0}^{q}\binom{q}{l} k^{q-l}\left(\frac{i}{r}\right)^l \frac{1}{r}$$

$$= \sum_{l=0}^{q}\binom{q}{l}\frac{1}{r^{l+1}}\sum_{i=0}^{r-1} i^l \sum_{k=1}^{n} k^{q-l} = \sum_{l=0}^{q}\binom{q}{l} S_{q-l}(n) \times \frac{S_l(r-1)}{r^{l+1}}$$

l についての和を、偶数項と奇数項とに分けると

$$f_q^r(n) = \sum_{l=0}^{[\frac{q}{2}]}\binom{q}{2l} S_{q-2l}(n) \times \frac{S_{2l}(r-1)}{r^{2l+1}} + \sum_{l=0}^{\{\frac{q}{2}\}}\binom{q}{2l+1} S_{q-2l-1}(n) \times \frac{S_{2l+1}(r-1)}{r^{2l+2}} \quad (87)$$

但し、$\{\frac{q}{2}\}$ は、q が偶数なら $[\frac{q}{2}] - 1$ を意味し、q が奇数なら $[\frac{q}{2}]$ を意味します. そして、$S_l(n)$ などは以下の様に表されます.

$$S_{2l}(r-1) = S_2(r-1) \times \phi_{2l-2}(r-1) = \frac{r(r-1)(2r-1)}{6} \times \phi_{2l-2}(r-1) \quad (88)$$

$$S_{2l+1}(r-1) = S_1(r-1)^2 \times \psi_{2l-2}(r-1) = \frac{r^2(r-1)^2}{4} \times \psi_{2l-2}(r-1) \quad (89)$$

$$\phi_{2l-2}(r-1) = \frac{3}{2l+1}r^{2l-2} + \phi^* \quad : \quad \psi_{2l-2}(r-1) = \frac{2}{l+1}r^{2l-2} + \psi^* \quad (90)$$

ここに、ϕ^* 及び ψ^* は、r の $(2l-3)$ 次多項式です.

式 (88) より

$$\frac{S_{2l}(r-1)}{r^{2l+1}} = \frac{(r-1)(2r-1)}{6r^2}\left(\frac{3}{2l+1} + \frac{\phi^*}{r^{2l-2}}\right) \tag{91}$$

式 (89) より

$$\frac{S_{2l+1}(r-1)}{r^{2l+2}} = \frac{(r-1)^2}{4r^2}\left(\frac{2}{l+1} + \frac{\psi^*}{r^{2l-2}}\right) \tag{92}$$

ここで r を無限大にすれば、式 (91) より

$$\lim_{r\to\infty}\frac{S_{2l}(r-1)}{r^{2l+1}} = \frac{1}{3}\frac{3}{2l+1} \tag{93}$$

そして、式 (92) より

$$\lim_{r\to\infty}\frac{S_{2l+1}(r-1)}{r^{2l+2}} = \frac{1}{4}\frac{2}{l+1} \tag{94}$$

一方、$f_q^r(n)$ において r を無限大にした時の極限値は、式 (93),(94) を用いて式 (87) を変形して

$$
\begin{aligned}
\lim_{r\to\infty} f_q^r(n) &= \sum_{l=0}^{[\frac{q}{2}]}\binom{q}{2l}S_{q-2l}(n)\times\frac{1}{2l+1} + \sum_{l=0}^{\{\frac{q}{2}\}}\binom{q}{2l+1}S_{q-2l-1}(n)\times\frac{1}{2l+2} \\
&= \sum_{l=0}^{q}\binom{q}{l}S_{q-l}(n)\times\frac{1}{l+1}
\end{aligned}
$$

ところが、$\lim_{r\to\infty}f_q^r(n)$ は、区間 [1,n+1] での関数 x^q の定積分に収束しますから、

$$
\begin{aligned}
\sum_{l=0}^{q}\binom{q}{l}S_{q-l}(n)\times\frac{1}{l+1} &= \int_1^{n+1}x^q\mathrm{d}x \\
&= \frac{(n+1)^{q+1}-1}{q+1}
\end{aligned}
$$

変形して整理すると、次の様な漸化式が得られます.

$$\sum_{l=0}^{q}\binom{q+1}{l+1}S_{q-l}(n) = n\sum_{l=0}^{q}(n+1)^l \tag{95}$$

6.2 $S_q(n)$ の表示式

漸化式 (95) において、$q-l=j$ と置換すれば

$$\sum_{j=0}^{q}\binom{q+1}{q+1-j}S_j(n) = n\sum_{j=0}^{q}(n+1)^j$$

左辺から $S_q(n)$ を取り出して

$$S_q(n) = \frac{n}{q+1}\sum_{j=0}^{q}(n+1)^j - \sum_{j=0}^{q-1}\frac{1}{q+1}\binom{q+1}{q+1-j}S_j(n) \tag{96}$$

20

そこで、

$$A_q \equiv \frac{n}{q+1} \sum_{j=0}^{q} (n+1)^j \quad : \quad C_j^q \equiv \frac{1}{q+1} \begin{pmatrix} q+1 \\ q+1-j \end{pmatrix}$$

と置けば、式 (96) は次の様に表されます.

$$S_q(n) = A_q - \sum_{j=0}^{q-1} C_j^q S_j(n) \tag{97}$$

この漸化式 (97) の累乗数 q を、以下の要領で降下させます. (第 3-1 節の計算と同じ要領です)

$$\begin{aligned}
S_q(n) = A_q - \sum_{j=0}^{q-1} C_j^q S_j(n) &= A_q - C_{q-1}^q S_{q-1}(n) - \sum_{j=0}^{q-2} C_j^q S_j(n) \\
&= A_q - C_{q-1}^q \left(A_{q-1} - \sum_{j=0}^{q-2} C_j^{q-1} S_j(n) \right) - \sum_{j=0}^{q-2} C_j^q S_j(n) \\
&= A_q - C_{q-1}^q A_{q-1} + \sum_{j=0}^{q-2} \left(C_{q-1}^q C_j^{q-1} - C_j^q \right) S_j(n)
\end{aligned}$$

ここで、$K_q \equiv 1 : K_{q-1} \equiv -C_{q-1}^q$ と定義すれば

$$\begin{aligned}
S_q(n) &= \sum_{l=0}^{1} K_{q-l} A_{q-l} - \sum_{j=0}^{q-2} \left(K_{q-1} C_j^{q-1} + C_j^q \right) S_j(n) \\
&= \sum_{l=0}^{1} K_{q-l} A_{q-l} - \left(K_{q-1} C_{q-2}^{q-1} + C_{q-2}^q \right) S_{q-2}(n) - \sum_{j=0}^{q-3} \left(K_{q-1} C_j^{q-1} + C_j^q \right) S_j(n)
\end{aligned}$$

$$\begin{aligned}
&= \sum_{l=0}^{1} K_{q-l} A_{q-l} - \left(K_{q-1} C_{q-2}^{q-1} + C_{q-2}^q \right) \left(A_{q-2} - \sum_{j=0}^{q-3} C_j^{q-2} S_j \right) - \sum_{j=0}^{q-3} \left(K_{q-1} C_j^{q-1} + C_j^q \right) S_j(n) \\
&= \sum_{l=0}^{2} K_{q-l} A_{q-l} - \sum_{j=0}^{q-3} \left(\sum_{l=0}^{2} K_{q-l} C_j^{q-l} \right) S_j(n)
\end{aligned}$$

但し、$K_{q-2} \equiv - \left(K_{q-1} C_{q-2}^{q-1} + C_{q-2}^q \right)$ と定義しています.
同様の計算を $(q-1)$ 回繰り返せば、

$$K_{q-k} \equiv -\sum_{l=0}^{k-1} K_{q-l} C_{q-k}^{q-l} = -\sum_{l=0}^{k-1} \frac{K_{q-l}}{q-l+1} \begin{pmatrix} q-l+1 \\ k-l+1 \end{pmatrix} \tag{98}$$

21

として

$$
\begin{aligned}
S_q(n) &= \sum_{l=0}^{q-1} K_{q-l} A_{q-l} - \sum_{l=0}^{q-1} K_{q-l} C_0^{q-l} S_0(n) \\
&= \sum_{l=0}^{q-1} K_{q-l} A_{q-l} - n \sum_{l=0}^{q-1} K_{q-l} \frac{1}{q-l+1} \\
&= n \sum_{l=0}^{q-1} \frac{K_{q-l}}{q-l+1} \left(\sum_{j=0}^{q-l} (n+1)^j - 1 \right) \\
&= n \sum_{l=0}^{q-1} \frac{K_{q-l}}{q-l+1} \left(\frac{(n+1)^{q-l+1} - 1}{n} - 1 \right)
\end{aligned}
$$

右辺を更に変形すると

$$
\begin{aligned}
S_q(n) &= \sum_{l=0}^{q-1} \frac{K_{q-l}}{q-l+1} \left(\sum_{k=0}^{q-l+1} \binom{q-l+1}{k} n^k - n - 1 \right) \\
&= \sum_{l=0}^{q-1} \frac{K_{q-l}}{q-l+1} \left(\sum_{k=2}^{q-l+1} \binom{q-l+1}{k} n^k + n(q-l) \right)
\end{aligned}
$$

この二重和の並べ替えを丹念に計算すれば、

$$
\begin{aligned}
S_q(n) &= \sum_{k=2}^{q+1} \sum_{j=0}^{q+1-k} \frac{K_{q-j}}{q+1-j} \binom{q+1-j}{k} n^k + \sum_{l=0}^{q-1} K_{q-l} \frac{q-l}{q-l+1} n \\
&= \frac{1}{q+1} n^{q+1} + \frac{1}{2} n^q + \cdots\cdots + \sum_{l=0}^{q-1} K_{q-l} \frac{q-l}{q-l+1} n
\end{aligned}
$$

これは、n の $(q+1)$ 次多項式ですから、a_k を下記の係数として $\sum_{k=1}^{q+1} a_k n^k$ の形に書けます.

$$
a_1 = \sum_{l=0}^{q-1} \frac{q-l}{q-l+1} K_{q-l} \tag{99}
$$

$$
a_k = \sum_{l=0}^{q+1-k} \frac{1}{q-l+1} \binom{q-l+1}{k} K_{q-l} \qquad (k \geq 2) \tag{100}
$$

これで $S_q(n)$ の多項式表示が得られました. 次に、定数 K_{q-l} とベルヌーイ数との関係を求めます.

6.3 ベルヌーイ数による表示

定義式 (98) を変形すると

$$
\sum_{l=0}^{k} \frac{K_{q-l}}{q-l+1} \binom{q-l+1}{k-l+1} = 0 \tag{101}
$$

そこで、$L_{q-l} \equiv (q-l)! \times K_{q-l}$ により L_{q-l} を導入して、式 (101) に代入すると

$$\sum_{l=0}^{k} \frac{L_{q-l}}{(k-l+1)!(q-k)!} = 0$$

となり、両辺を $(q-k)!$ 倍すると次式が得られます.

$$\sum_{l=0}^{k} \frac{L_{q-l}}{(k-l+1)!} = 0 \tag{102}$$

左辺から L_{q-k} を取り出して

$$L_{q-k} = -\sum_{l=0}^{k-1} \frac{L_{q-l}}{(k-l+1)!}$$

これから、L_{q-l} は $L_q = q!$ に比例する事が分かりますから、$L_{q-l} = q! M_{q-l}$ の様に書けます. これを (102) に代入して

$$\sum_{l=0}^{k} \frac{M_{q-l}}{(k-l+1)!} = 0 \tag{103}$$

そこで、$l! M_{q-l} \equiv B_l$ と置けば、(103) は $\sum_{l=0}^{k} \frac{B_l}{(k-l+1)! l!} = 0$ となり、両辺を (k+1)! 倍すると

$$\sum_{l=0}^{k} \begin{pmatrix} k+1 \\ l \end{pmatrix} B_l = 0 \tag{104}$$

これは、よく知られたベルヌーイ数を決める漸化式です.[2]

(104) を用いれば, 第 5 節の κ の場合と同じ手法でベルヌーイ数の母関数 $G(x)$ が求められます.

$$G(x) = \frac{x}{e^x - 1} = \sum_{k=0}^{\infty} \frac{B_k}{k!} x^k$$
$$= 1 - \frac{1}{2}x + f(x)$$

ここで, $G(x) + x/2 := g(x) = 1 + f(x)$ と定義すると

$$g(-x) = \frac{-x}{e^{-x} - 1} - \frac{x}{2} = \frac{x e^x}{e^x - 1} - \frac{x}{2}$$
$$= \frac{x}{2} \frac{e^x + 1}{e^x - 1}$$
$$= \frac{x}{2} \left(1 + \frac{2}{e^x - 1} \right) = g(x)$$

つまり, $g(x) = 1 + f(x)$ は偶関数ですから $B_{2k+1} = 0$ であることがわかります. $(k \geq 1)$

そして、定数 K_{q-l} とベルヌーイ数 B_l との関係は

$$K_{q-l} = \frac{L_{q-l}}{(q-l)!} = \frac{q! M_{q-l}}{(q-l)!}$$
$$= \frac{q! B_l}{l!(q-l)!} = \begin{pmatrix} q \\ l \end{pmatrix} B_l \tag{105}$$

次に、$B_{2l+1} = 0$ $(l \geq 1)$ に注意して、漸化式 (104) を変形すれば

$$B_0 + (q+1)B_1 + \sum_{l=1}^{[\frac{q}{2}]} \begin{pmatrix} q+1 \\ 2l \end{pmatrix} B_{2l} = 0$$

$B_0 = 1, B_1 = -1/2$ を用いて整理すると

$$\sum_{l=1}^{[\frac{q}{2}]} \begin{pmatrix} q+1 \\ 2l \end{pmatrix} B_{2l} = \frac{q-1}{2} \tag{106}$$

そして、6-2 節で導出された多項式の係数 (99),(100) はベルヌーイ数を用いて、以下の様に書き換えられます.（関係式（105）を使います）

$$a_1 = \sum_{l=0}^{q-1} \frac{q-l}{q-l+1} \begin{pmatrix} q \\ l \end{pmatrix} B_l \tag{107}$$

$$a_k = \sum_{l=0}^{q+1-k} \frac{1}{q-l+1} \begin{pmatrix} q \\ l \end{pmatrix} \begin{pmatrix} q-l+1 \\ k \end{pmatrix} B_l \qquad (k \geq 2) \tag{108}$$

これらはさらに, 以下のように変形できます.

$$\begin{aligned}
a_1 &= \sum_{l=0}^{q-1} \frac{q-l}{q-l+1} \begin{pmatrix} q \\ l \end{pmatrix} B_l \\
&= \sum_{l=0}^{q-1} \frac{q-l+1}{q-l+1} \begin{pmatrix} q \\ l \end{pmatrix} B_l - \sum_{l=0}^{q-1} \frac{1}{q-l+1} \begin{pmatrix} q \\ l \end{pmatrix} B_l \\
&= 0 - \sum_{l=0}^{q-1} \frac{1}{q+1} \begin{pmatrix} q+1 \\ l \end{pmatrix} B_l \\
&= -\frac{1}{q+1} \left(\sum_{l=0}^{q} \begin{pmatrix} q+1 \\ l \end{pmatrix} B_l - \begin{pmatrix} q+1 \\ q \end{pmatrix} B_q \right) = B_q
\end{aligned} \tag{109}$$

これより, $a_1(q = 2p) = B_{2p}, a_1(q = 2p+1) = B_{2p+1} = 0$ であることになります.

そして, $B_{2k+1} = 0$ に注意して

$$\begin{aligned}
a_k &= \sum_{l=0}^{q+1-k} \frac{1}{q-l+1} \begin{pmatrix} q \\ l \end{pmatrix} \begin{pmatrix} q-l+1 \\ k \end{pmatrix} B_l \\
&= \frac{1}{q+1} \begin{pmatrix} q+1 \\ k \end{pmatrix} B_0 + \begin{pmatrix} q \\ k \end{pmatrix} B_1 \\
&\quad + \sum_{j=1}^{[\frac{q-k+1}{2}]} \frac{1}{q-2j+1} \begin{pmatrix} q \\ 2j \end{pmatrix} \begin{pmatrix} q+1-2j \\ k \end{pmatrix} B_{2j}
\end{aligned} \tag{110}$$

ここで, a_k の添字 k を $(q-2m)$ と $(q-2m+1)$ とに分けて考えます. 関係式 (106) を使うと次の表示式が得られます.

$$a_{q-2m} = 0 \quad : \quad a_{q-2m+1} = \frac{1}{2m} \begin{pmatrix} q \\ 2m-1 \end{pmatrix} B_{2m} \qquad (2 \leq 2m < q) \tag{111}$$

[**証明**] 式 (110) において, $k = q - 2m$ とおくと

$$
\begin{aligned}
a_{q-2m} &= \frac{1}{q+1}\begin{pmatrix} q+1 \\ q-2m \end{pmatrix} - \frac{1}{2}\begin{pmatrix} q \\ q-2m \end{pmatrix} + \sum_{j=1}^{m} \frac{1}{q-2j+1}\begin{pmatrix} q \\ 2j \end{pmatrix}\begin{pmatrix} q+1-2j \\ q-2m \end{pmatrix} B_{2j} \\
&= \frac{1-2m}{2(2m+1)}\begin{pmatrix} q \\ 2m \end{pmatrix} + \frac{1}{2m+1}\begin{pmatrix} q \\ 2m \end{pmatrix}\sum_{j=1}^{m}\begin{pmatrix} 2m+1 \\ 2j \end{pmatrix} B_{2j} \\
&= \frac{1}{2m+1}\begin{pmatrix} q \\ 2m \end{pmatrix}\left(-\frac{2m-1}{2} + \sum_{j=1}^{m}\begin{pmatrix} 2m+1 \\ 2j \end{pmatrix} B_{2j} \right)
\end{aligned}
$$

最後の式の第 3 因子は,(106) で $q = 2m$ とおいたものと比較すると 0 となります. よって, (111) の第 1 式が証明されました.

次に, 式 (110) において, $k = q - 2m + 1$ とおくと

$$
\begin{aligned}
a_{q-2m+1} &= \frac{1}{q+1}\begin{pmatrix} q+1 \\ q-2m+1 \end{pmatrix} - \frac{1}{2}\begin{pmatrix} q \\ q-2m+1 \end{pmatrix} \\
&\quad + \sum_{j=1}^{m}\frac{1}{q-2j+1}\begin{pmatrix} q \\ 2j \end{pmatrix}\begin{pmatrix} q+1-2j \\ q-2m+1 \end{pmatrix} B_{2j} \tag{112} \\
&= \begin{pmatrix} q \\ 2m-1 \end{pmatrix}\left(\frac{1}{2m} - \frac{1}{2} \right) + \frac{1}{2m}\sum_{j=1}^{m}\begin{pmatrix} q \\ 2m-1 \end{pmatrix}\begin{pmatrix} 2m \\ 2j \end{pmatrix} B_{2j} \\
&= \frac{1}{2m}\begin{pmatrix} q \\ 2m-1 \end{pmatrix}\left(1 - m + \sum_{j=1}^{m}\begin{pmatrix} 2m \\ 2j \end{pmatrix} B_{2j} \right) \tag{113}
\end{aligned}
$$

ここで, $B_{2j+1} = 0$ ですから

$$
\begin{aligned}
\sum_{j=1}^{m}\begin{pmatrix} 2m \\ 2j \end{pmatrix} B_{2j} &= \sum_{l=2}^{2m}\begin{pmatrix} 2m \\ l \end{pmatrix} B_l \\
&= -1 + \frac{1}{2}\times(2m) + \sum_{l=0}^{2m}\begin{pmatrix} 2m \\ l \end{pmatrix} B_l \\
\\
&= -1 + m + B_{2m} + \sum_{l=0}^{2m-1}\begin{pmatrix} 2m \\ l \end{pmatrix} B_l \\
&= -1 + m + B_{2m} + 0
\end{aligned}
$$

これを (113) に代入すると

$$
\begin{aligned}
a_{q-2m+1} &= \frac{1}{2m}\begin{pmatrix} q \\ 2m-1 \end{pmatrix}(1 - m - 1 + m + B_{2m}) \\
&= \frac{1}{2m}\begin{pmatrix} q \\ 2m-1 \end{pmatrix} B_{2m} \tag{114}
\end{aligned}
$$

[証明終]

これらの係数を用いれば、$S_q(n)$ はベルヌーイ数に依って表示されます.[2]

$$S_q(n) = \frac{1}{q+1}n^{q+1} + \frac{1}{2}n^q + \sum_{m=1}^{[\frac{q}{2}]} \frac{1}{2m} \begin{pmatrix} q \\ 2m-1 \end{pmatrix} B_{2m} n^{q+1-2m} \tag{115}$$

[付記]

ベルヌーイ数には別の定義があります. 母関数として $G(x) = x/(\mathrm{e}^x - 1)$ の代わりに

$$g(x) = G(x) + \frac{x}{2} = 1 + \sum_{k=1}^{\infty} \frac{(-1)^{k+1}}{(2k)!} b_k x^{2k}$$

を用いるものです. これを使えば,

$$S_q(n) = \frac{1}{q+1}n^{q+1} + \frac{1}{2}n^q + \sum_{m=1}^{[\frac{q}{2}]} \frac{(-1)^{m+1}}{2m} \begin{pmatrix} q \\ 2m-1 \end{pmatrix} b_m \times n^{q+1-2m}$$

となり, 「岩波数学公式 II」の掲載式と一致します. なお, b_m は全て正値で, $b_0 = 1, b_m = (-1)^{m+1} B_{2m}$ の関係にあります.

参考文献

[1] E.Hairer and G.Wanner 「Analysis by Its History」(Springer 1995)
蟹江幸博 訳 「解析教程」上 (丸善出版 2012)
p. 13〜p. 18(多項式の係数決定問題) 及び p.190〜p.194(II.10 オイラー・マクローリンの和公式) 参照

[2] ベルヌーイ数 http://ja.wikipedia
第一頁に、漸化式が掲載されています. $S_q(n)$ の表示式は、第四頁に記載されています.

[3] 森口・宇田川・一松 著 「岩波数学公式 II」 岩波書店 1999 (p.137〜p.151)
(注) 公式集のベルヌーイ数 $B_n(n \geq 1)$ は、§2 で定義した B_{2n} とは $B_n = (-1)^{n-1} B_{2n}$ の関係にあります.

[4] ファウルハーバーの公式 http://ja.wikipedia
第 3 頁に、S_1 による多項式表示が掲載されています.

第2章　数列

1　はじめに

自然数の並びは，公差1の等差数列となっていて，古代の人々が数列の着想を得る上で，一つのヒントになったであろうと思われます．

そもそも，列とは「自然数の集合を変域とする関数である」と定義されます．[1] そして関数値が数のとき数列と呼ばれ，自然数 n に対する数列の値 $X(n)$ を第 n 項と呼びます．（$X(n)$ は X_n と表します）

一般に，数列は次のようにして構成されます．

(1) 関数型数列

　　関数 $f(x)$ から $f(n)$ のみを並べたもので，等差数列や等比数列が含まれます．（n は自然数）

(2) 導関数型数列

　　関数 $f(x)$ から $a_n \times f^{(n)}(0)$ を並べたもので，$f(x)$ はこの数列の母関数とよばれます．

(3) その他の数列

　　発生させた乱数を並べたものや，関数 $f(x)$ のフーリェ展開係数を並べたものなどが考えられます．

ところで，数列の中には，その第 n 項が第 $(n-1)$ 項までの代数式で表されるものがあります．これは

$$F(x) = \sum_{k=1}^{[x]} a(x-k)F(x-k) \qquad （[x] は x を超えない最大の整数）$$

から構成される関数型数列 $\{F(n)\}$ で，フィボナッチ数列はこの例です．

以下で取り上げる数列もこの型のもので，その母関数・各項の符号・他の数列との関係などについて考えてみます．

2　ベルヌーイ数列 $\{B_n\}$

第1章では，自然数の累乗和の表式がベルヌーイ数で表わされました．その6-3節の関係式 (6.14) において，二項係数は全て正数ですからベルヌーイ数の符号が全て同一ではあり得ません．

数値計算により，ベルヌーイ数 $\{B_{2m}\}$ の符号は，$m(\geq 1)$ の増加に伴なって交互に反転していると推定されます．

ところで，ベルヌーイ数は次式によって定義される数列 $\{B_n\}$ と，とらえることができます．

$$
\begin{aligned}
B_0 &:= 1 \\
B_n &:= -\frac{1}{n+1} \sum_{k=0}^{n-1} \binom{n+1}{k} B_k \qquad (n \geq 1)
\end{aligned}
\qquad (1)
$$

定義式 (1) を使って，$n = 6$ までを計算すると

$$B_1 = -\frac{1}{2} \qquad B_2 = \frac{1}{6} \qquad B_3 = 0 \qquad B_4 = -\frac{1}{30} \qquad B_5 = 0 \qquad B_6 = \frac{1}{42}$$

このベルヌーイ数列には, 次のような性質があります.

(1) $B_{2k+1} = 0 \quad (k \geq 1)$

これについては, $\{B_n\}$ の母関数の偶奇性から容易に導かれます.

(2) 隣接項の符号は反対です.

定義式 (1) より, 同符号の項が連続した場合は, やがて反符号に変わらざるを得ないことが分かります.

そして, 数値計算を続ける限り 符号の交互反転が確認できますから, 任意の n について, この規則の成立が予想されます.

そこで, $b_n := B_n/n!$ と定義して, 隣接項の比 $r_{2k} := b_{2k}/b_{2k+2}$ を数値計算してみると,

k	r_{2k}	k	r_{2k}	k	r_{2k}	k	r_{2k}
1	-60.00000000	7	-39.48023224	13	-39.47841805	19	-39.47841760
2	-42.00000000	8	-39.47887022	14	-39.47841772	20	-39.47841760
3	-40.00000000	9	-39.47853064	15	-39.47841763	21	-39.47841760
4	-39.60000000	10	-39.47844585	16	-39.47841761	22	-39.47841760
5	-39.50795948	11	-39.47842466	17	-39.47841761	23	-39.47841760
6	-39.48571429	12	-39.47841937	18	-39.47841760	24	-39.47841760

これより、$k \geq 18$ では r_{2k} は一定値 $\rho := -39.47841760$ であると予想されます.

一方, 数列 $\{B_{2n}\}$ を展開係数の因子として含む母関数としては, 良く知られた

$$G(x) := \frac{x}{\mathrm{e}^x - 1}$$

の他に

$$g(x) := \frac{x}{2}\cot\left(\frac{x}{2}\right) = \sum_{l=0}^{\infty}(-1)^l \frac{B_{2l}}{(2l)!} x^{2l} \tag{2}$$

もあり [2], $g(x)$ は $\pm 2n\pi$ で発散しますから, 右辺の級数の収束半径は Cauchy-Hadamard の公式より

$$\lim_{n \to \infty}\left|\frac{B_{2n}}{(2n)!} \frac{(2n+2)!}{B_{2n+2}}\right| = (2\pi)^2$$

これは, $\lim_{n \to \infty}|b_{2n}/b_{2n+2}| = 4\pi^2 \approx 39.4784176$ を意味します. ($g(x)$ の右辺は x^2 の級数であることに注意) 従って, $\rho = -4\pi^2$ と考えられます.

しかし, これだけでは全ての k に対して, $r_{2k} < 0$ であると断言はできず, 各項の符号が交互に反転するとはいえません. これを示すには, 次のような方法があります.

[a] 下記の近似式を用いる.[1]

$$(-1)^{n-1}B_{2n} \approx 4\sqrt{n\pi}\left(\frac{n}{\pi\mathrm{e}}\right)^{2n} \tag{3}$$

式 (3) は, B_{2n} の符号の交互反転を示しています.

[b] 正接数列 $\{T_n\}$ との関係式を利用する.

---

[1] 「岩波数学公式 II」 p.137 参照

付録1に示すように, 両数列は次の関係にあります.

$$T_{2l-1} = \frac{(-1)^{l-1}(4^{2l} - 2^{2l})B_{2l}}{2l} \qquad (l \geq 1)$$

$T_{2l-1} > 0$ ですから, $(-1)^{l-1}B_{2l} > 0$ となります. これは B_{2n} の符号の交互反転を示します.

ところで, 数列 $\{B_{2n}\}$ の母関数として $G(x)$, $g(x)$ という2つの関数が出てきました. 実際, 母関数は一意的では無く, $\{B_{2n}\}$ の母関数としてはこの他に

$$x\tan(x), x\tanh(x), x\coth(x), x\mathrm{cosech}(x), \log\frac{\sinh(x)}{x}, \log\cos(x)$$

などの偶関数があります.[2] この様に, 展開級数の係数に共通の B_n が含まれているのは, これらの母関数間の代数的・解析的関係の現れであるといえます. ただし, 一般に関数とそれから生成される整級数 (マクローリン級数) は, 解析的に一致するとは限らず, その収束半径に注意が必要です. (上記 $G(x)$ の特異点は $-\infty$ のみであり, また, $g(x)$ は $\pm 2n\pi$ で発散しますが, 生成級数の収束半径は共に 2π です.)

3 数列 $\{\kappa_{p-k}\}$

第1章の第5節でパラメーター κ_{p-k} の母関数を計算しました. その際,

$$K_{p-k} = (2p - 2k)!\kappa_{p-k}$$

なる数列を導入すると,

$$K_{p-k} = -\sum_{l=0}^{k-1} \frac{K_{p-l}}{(2k - 2l + 1)!}$$

という漸化式が成り立ちました. ここで, $K_{p-k}/(2p)! := \hat{K}_k$ と表せば

$$\hat{K}_0 = \frac{K_p}{(2p)!} = 1$$

$$\hat{K}_n = \frac{K_{p-n}}{(2p)!} = -\sum_{l=0}^{n-1} \frac{\hat{K}_l}{(2n - 2l + 1)!} \qquad (n \geq 1)$$

そこで,

$$K_0 = = 1$$

$$K_n = -\sum_{l=0}^{n-1} \frac{K_l}{(2n - 2l + 1)!} \qquad (n \geq 1) \tag{4}$$

によって, 数列 $\{K_n\}$ を定義します.

式 (4) を使って, $n = 6$ までを計算すると

$$K_1 = \frac{-1}{3!} = -0.16666 \qquad K_2 = \frac{7}{3 \times 5!} = 0.019444 \qquad K_3 = \frac{-31}{3 \times 7!} = -2.0502 \times 10^{-3}$$

$$K_4 = 2.0998 \times 10^{-4} \qquad K_5 = -2.1336 \times 10^{-5} \qquad K_6 = 2.1633 \times 10^{-6}$$

そして, 隣接項の比 $r_k := K_k/K_{k+1}$ を計算してみると

---

[2]岩波数学公式 II p.137〜p.151 参照

k	r_k	k	r_k	k	r_k	k	r_k
1	-5.99999999	7	-9.86781310	13	-9.86960395	19	-9.86960440
2	-8.57142857	8	-9.86915440	14	-9.86960429	20	-9.86960440
3	-9.48387096	9	-9.86949165	15	-9.86960437	21	-9.86960440
4	-9.76377952	10	-9.86957618	16	-9.86960439	22	-9.86960440
5	-9.84187866	11	-9.86959734	17	-9.86960440	23	-9.86960440
6	-9.86251455	12	-9.86960263	18	-9.86960440	24	-9.86960440

これより、$k \geq 17$ では r_k は一定値 $\rho_1 := -9.86960440 \approx -\pi^2$ とみなせます. 従って,

$$h(x) = \sum_{l=0}^{\infty} c_l K_l x^{2l} \qquad \left(\lim_{l \to \infty} \left| \frac{c_l}{c_{l+1}} \right| = 1 \right)$$

の形に級数展開出来る関数で, $\pm n\pi$ で発散するものが存在すると予想されます. ちなみに, $\{K_l\}$ の母関数の一つは, $\{B_l\}$ の場合と同様の計算で求めることができて,

$$H(x) := 2x/(\mathrm{e}^x - \mathrm{e}^{-x}) = x/\sinh(x)$$

となります. [3] これは特異点を持たず, 偶関数です. (当然, $h(x)$ も偶関数でなければなりません.)

次に, 数列 $\{K_n\}$ の各項の符号が交互に反転することを示します. 証明法としては, 次のようなものがあります.

[a] 数列 $\{B_n\}$ との関係式を使う. (付録 2 の式 (a2.8) 参照)

関係式 $K_p = -\frac{(4^p - 2)B_{2p}}{(2p)!}$ より, $K_p = (-1)^{p+1} |B_{2p}| \frac{(4^p - 2)}{(2p)!}$ が得られ, K_p の符号の交互反転がわかります.

[b] 隣接項の符号を直接比較する.

[証明] 各項を数値計算してみると

$$K_k = a_k \times (-1)^k 10^{-k+\epsilon(k)} \qquad (1 \leq a_k < 10) \tag{5}$$

k	項数	$\epsilon(k)$	k	項数	$\epsilon(k)$
$0 \leq k \leq 122$	123	0	$649 \leq k \leq 824$	176	4
$123 \leq k \leq 298$	176	1	$825 \leq k \leq 999$	175	5
$299 \leq k \leq 473$	175	2	$1000 \leq k \leq 1175$	176	6
$447 \leq k \leq 648$	175	3	...	...	...

のように表せて, a_k は同一の $\epsilon(k)$ を持つ k の範囲内で 1 から 10 まで増加します.

同一の $\epsilon(k)$ に含まれる項数は $k \geq 123$ の場合は約 176 とみて, $a_{k+1} = a_k(1 + r)$ と置くと, $a_{k+176}/a_k = (1 + r)^{176} = 10$ より, $r \approx 0.013168825$ となります. ちなみに, $k < 123$ のときは, $r \approx 0.018896525$ です.

そこで, 数学的帰納法により, 式 (5) が一般に成り立つことを示します.

---

[3] $K_l = K_{p-l}/(2p)! = (2p)! g_{2l}/(2l)!(2p)! = g_{2l}/(2l)!$ よって $H(x) = \sum_{l=0}^{\infty} g_{2l} x^{2l}/(2l)! = \sum_{l=0}^{\infty} K_i x^{2l}$ です. (第 1 章 §5 参照)

$k(\geq 123)$ までの自然数について, 式 (5) が成り立つと仮定して, 式 (4) で k を $k+1$ で置き換えてみると

$$
\begin{aligned}
K_{k+1} &= -\sum_{l=0}^{k} \frac{K_l}{(2k-2l+3)!} \\
&= \sum_{l=0}^{k} \frac{a_l(-1)^{l+1}10^{-l+\epsilon(l)}}{(2k-2l+3)!} \\
&= \frac{a_k(-1)^{k+1}10^{-k+\epsilon(k)}}{3!} \times S_k
\end{aligned}
$$

$$
\begin{aligned}
S_k \quad := \quad & 1 + \frac{-3!a_{k-1}}{5!a_k}10^{1+\epsilon(k-1)-\epsilon(k)} + \frac{3!a_{k-2}}{7!a_k}10^{2+\epsilon(k-2)-\epsilon(k)} \\
& - \frac{3!a_{k-3}}{9!a_k}10^{3+\epsilon(k-3)-\epsilon(k)} + \cdots + \frac{a_0(-1)10^{\epsilon(0)}}{(2k+3)!}
\end{aligned}
$$

$\frac{a_{k-l}}{a_k} \approx (1+r)^{-l}$ であり, そして 175 以下の l に対して $\epsilon(k-l) = \epsilon(k)$ であることに注意すれば,

$$
\begin{aligned}
S_k \quad \approx \quad & 1 - 0.4935011690 + 0.1159730494 - 0.01589800985 + 0.001426488445 \\
& - 9.02530404 \times 10^{-5} + 4.241902946 \times 10^{-6} - 1.539252988 \times 10^{-7} + O(10^{-9}) \\
= \quad & 0.6079141983
\end{aligned}
$$

よって,

$$
\begin{aligned}
K_{k+1} \quad \approx \quad & \frac{a_k(-1)^{k+1}10^{-k+\epsilon(k)}}{3!} \times 0.6079141983 \\
= \quad & 0.101319031 \times a_k(-1)^{k+1}10^{-k+\epsilon(k)} \\
:= \quad & a_{k+1}(-1)^{k+1}10^{-k-1+\epsilon(k)} \quad (a_{k+1} := 1.01319031 \times a_k \approx (1+r)a_k)
\end{aligned}
\tag{6}
$$

すなわち, $k+1$ のときも式 (5) が成り立つことになります. $(k \geq 123)$

従って, a_k の $k-$ 依存性の違い (増加率 r の違い) はあっても, 常に式 (5) が成り立ち, 符号の交互反転を確認できます. [証明終]

$\{K_n\}$ の符号が交互反転することがわかりましたから, 定義をさかのぼってみれば $(2p-2n)!\kappa_{p-n}/(2p)!$ も交互反転します. すなわち $\{\kappa_{p-k}\}$ の符号は, k とともに交互反転して $\kappa_{p-k} = (-1)^k|\kappa_{p-k}|$ と表せます. そして, $\lambda_{p-k} = \kappa_{p-k}(2p+1)/(2p+1-2k)$ ですから, $\{\lambda_{p-k}\}$ の符号も交互反転します.

最後に, K_n と B_n のもう一つの関係に触れて置きます. 付録 2 の式 (a2.6) に示すように, 両者は次式で結ばれています.

$$
(2n)!K_n = 1 - \sum_{l=1}^{n} \binom{2n}{2l-1} 4^l B_{2l}
$$

4 おわりに

数列 $\{B_n\}, \{K_n\}$ の定義式は似た形式を持っていて, 第 n 項は $(n-1)$ 項までの代数和に負号を掛けたものとなっています.

同型の定義式を持つ数列として, 下記の数列 $\{P_n\}$ があります.[4]

$$
\begin{aligned}
P_0 &:= 1 \\
P_n &:= -\sum_{k=0}^{n-1} \binom{n-1}{k} P_k \qquad (n \geq 1)
\end{aligned} \tag{6}
$$

この数列でも, 各項の符号が同一のままであることは不可能ですが, 交互反転にはなりません. $n = 18$ までの数値計算結果は, 以下のとおりです.

n	P_n	n	P_n	n	P_n
1	-1	7	-9	13	-50533
2	0	8	50	14	110176
3	1	9	267	15	1966797
4	1	10	413	16	9938669
5	-2	11	-2180	17	8638718
6	-9	12	-17731	18	-278475061

同一符号の項数は徐々に増えてゆきます. これは, 定義式 (6) の右辺の和の各項に, 二項係数が掛かっているため, $(n-1)$ 項までの和の絶対値が増大するからです.

この項数の増大に, 何らかの規則があるか否か興味のあるところです.

付録 1　数列 $\{B_n\}$ と正接数列 $\{T_n\}$

正接数列 $\{T_n\}$ の各項は, 正接関数 $\tan x$ の級数展開係数として定義されます.

$$
\begin{aligned}
f(x) = \tan x &= \sum_{k=0}^{\infty} \frac{T_k}{k!} x^k \\
T_k &:= f^{(k)}(0)
\end{aligned} \tag{a1.1}
$$

$\tan x$ の導関数を計算してみると

$$
\begin{aligned}
f^{(1)}(x) &= \frac{1}{\cos^2 x} = 1 + \tan^2 x \\
f^{(2)}(x) &= 2\tan x(1 + \tan^2 x) \\
f^{(3)}(x) &= 2(1 + \tan^2 x)(1 + \tan^2 x) + 4\tan^2 x(1 + \tan^2 x) \\
&= 2 + 8\tan^2 x + 6\tan^4 x
\end{aligned}
$$

---

[4] この数列は, $\exp(1 - \mathrm{e}^x) = \sum_{k=0}^{\infty} \frac{P_k}{k!} x^k$ として導入されたものです

これらの計算結果を参考にして, 数学的帰納法により次式が示されます.

$$f^{(2p+1)}(x) = \sum_{l=0}^{p+1} a_{2l}(p)(\tan x)^{2l} \qquad (a_{2l}(p) > 0)$$

$$f^{(2p)}(x) = \tan x \sum_{l=0}^{p} b_{2l}(p)(\tan x)^{2l} \qquad (b_{2l}(p) > 0)$$

これにより, $T_{2p} = f^{(2p)}(0) = 0$, $T_{2p+1} = f^{(2p+1)}(0) = a_0(p) > 0$ となりますから, 定義式 (a1.1) より

$$\tan x = \sum_{l=1}^{\infty} \frac{T_{2l-1}}{(2l-1)!} x^{2l-1} \tag{a1.2}$$

ここで, 三角関数についての次の2つの関係式に着目します.[5]

$$x \cot x = 1 + \sum_{l=1}^{\infty} (-1)^l \frac{2^{2l} B_{2l}}{(2l)!} x^{2l}$$
$$\tan x = \cot x - 2 \cot 2x$$

これらの関係式から,

$$\begin{aligned}
x \tan x &= x \cot x - 2x \cot 2x \\
&= 1 + \sum_{l=1}^{\infty} (-1)^l \frac{2^{2l} B_{2l}}{(2l)!} x^{2l} - \left(1 + \sum_{l=1}^{\infty} (-1)^l \frac{2^{2l} B_{2l}}{(2l)!} (2x)^{2l} \right) \\
&= \sum_{l=1}^{\infty} \frac{(-1)^l (2^{2l} - 4^{2l}) B_{2l}}{(2l)!} x^{2l}
\end{aligned}$$

$$\therefore \quad \tan x = \sum_{l=1}^{\infty} \frac{(-1)^l (2^{2l} - 4^{2l}) B_{2l}}{(2l)!} x^{2l-1} \tag{a1.3}$$

式 (a1.2) , (a1.3) を比較して

$$T_{2l-1} = \frac{(-1)^{l-1} (4^{2l} - 2^{2l}) B_{2l}}{2l} \qquad (l \geq 1) \tag{a1.4}$$

$T_{2l-1} > 0$ ですから, $(-1)^{l-1} B_{2l} > 0$ となり, これは B_{2l} の符号の交互反転を意味します.

付録 2　数列 $\{K_n\}$ と $\{B_n\}$ の関係

$\{B_l\}$ の母関数表示は以下のとおりです.

$$f(x) = \frac{x}{e^x - 1} + \frac{x}{2} - 1 = \sum_{l=2}^{\infty} \frac{B_l}{l!} x^l \tag{a2.1}$$

---

[5] $x \cot x$ の級数展開式については「岩波数学公式 II」 p.145 参照

そして、$\{K_l\}$ については、$K_k = K_{p-k}/(2p)! = g_{2k}/(2k)!$ の関係から、

$$\sum_{k=0}^{\infty} K_k x^{2k} = \sum_{k=0}^{\infty} \frac{g_{2k}}{(2k)!} x^{2k} = \frac{2x}{\mathrm{e}^x - \mathrm{e}^{-x}} := H(x)$$

つまり、

$$H(x) = \frac{2x}{\mathrm{e}^x - \mathrm{e}^{-x}} = \sum_{k=0}^{\infty} K_k x^{2k} \tag{a2.2}$$

となります.

$H(x)$ を変形すると

$$H(x) = \mathrm{e}^x \frac{2x}{\mathrm{e}^{2x} - 1} = \mathrm{e}^x \left(f(2x) + 1 - x \right)$$

この関係式に、式 (a2.1)、(a2.2) を代入すると

$$\mathrm{e}^x(1 - x) + \mathrm{e}^x \sum_{l=2}^{\infty} \frac{B_l}{l!} (2x)^l = \sum_{k=0}^{\infty} K_k x^{2k} \tag{a2.3}$$

$\mathrm{e}^x = \sum_{m=0}^{\infty} \frac{x^m}{m!}$ を使って式 (a2.3) を変形整理すると

$$1 \ + \ \sum_{m=1}^{\infty} \frac{-m}{(m+1)!} x^{m+1} + \sum_{k=2}^{\infty} \frac{C_k}{k!} x^k = \sum_{k=0}^{\infty} K_k x^{2k} \tag{a2.4}$$

$$C_k \ := \ \sum_{l=2}^{k} \binom{k}{l} 2^l B_l$$

$B_{2k+1} = 0$ に注意して、式 (a2.4) の両辺の係数を比較すれば、$p \geq 1$ として

$$\begin{aligned}
2p &= C_{2p+1} \\
&= \sum_{k=1}^{p} \binom{2p+1}{2k} 4^k B_{2k}
\end{aligned} \tag{a2.5}$$

$$\begin{aligned}
(2p)! K_p &= (1 - 2p) + C_{2p} \\
&= (1 - 2p) + \sum_{k=1}^{p} \binom{2p}{2k} 4^k B_{2k}
\end{aligned} \tag{a2.6}$$

式 (a2.6) が求める関係式です.

なお、式 (a2.5) は $\{B_n\}$ に関する漸化式の一つで、この (a2.5) と二項係数の関係式

$$\binom{2p+1}{2k} = \binom{2p}{2k-1} + \binom{2p}{2k}$$

を使えば、式 (a2.6) は次の様に変形されます.

$$(2p)! K_p = 1 - \sum_{k=1}^{p} \binom{2p}{2k-1} 4^k B_{2k} \tag{a2.7}$$

一方, $\{K_n\}$ と $\{B_n\}$ との間には, 次式に示す様なより簡潔な関係があります.

$$K_p = -\frac{(4^p - 2)B_{2p}}{(2p)!} \tag{a2.8}$$

これを示すには, 次の展開式を用います. [6]

$$x \times \operatorname{cosech}(x) = \frac{2x}{e^x - e^{-x}} = 1 - \sum_{k=1}^{\infty} \frac{(4^k - 2)B_{2k}}{(2k)!} x^{2k} \tag{a2.9}$$

式 (a2.9) と式 (a2.2) との比較から, 式 (a2.8) が導かれます.

そして, $B_{2p} = (-1)^{p-1}|B_{2p}|$ ですから, $K_p = (-1)^p |K_p|$ となり, $\{K_n\}$ の符号の交互反転が確認できます.

参考文献

[1] 日本数学会 編 「数学辞典」 岩波書店 1966 (p.236)

[2] 森口・宇田川・一松 著 「岩波数学公式 II」 岩波書店 1999 (p.137〜p.151)
   (注) 公式集のベルヌーイ数 $B_n(n \geq 1)$ は, §2で定義した B_{2n} とは $B_n = (-1)^{n-1}B_{2n}$ の関係にあります.

[3] 数学・物理通信 9 巻 5 号 「自然数の累乗和-補遺 2-」 2019
   (注) 本稿の §3 の数列 $\{K_k\}$ は, 文献 [3] の偶数累乗和の公式で用いた有限数列 $\{\kappa_{p-k}\}$ を元にしています. $\kappa_{p-k} := \frac{(2p)!}{(2p-2k)!}\gamma_k$ により導入された γ_k を使って $K_k := \gamma_k$ と定義しています. そして, 文献 [3] の付録に示すように, $g_{2k} := (2k)!K_k$ の母関数が, $x/\sinh(x) = x\operatorname{cosech}(x)$ です.

---

[6] 「岩波数学公式 II p.142」 参照

第3章　オイラー定数の表式

1　はじめに

「数学・物理通信」第 8 巻 9 号 (2018 年 10 月) に掲載された論文 [1] で, 下記の定積分で定義される定数 (γ_2) が論じられています.

$$\gamma_2 := -P \int_0^1 \frac{\mathrm{d}x}{\log|\log x|} = -P \int_0^\infty \frac{\mathrm{d}x}{\mathrm{e}^x \log x} \tag{1.1}$$

この論文の著者は, 理論物理学者として高名な中西 襄 博士で, 定積分 γ_2 を**第 2 オイラー定数**と命名することを提案されております.

この定積分は長い間 0 であるとされてきましたが, ある日本人研究者によりそれが誤りであることが指摘されました.[1]

筆者は, γ_2 の被積分関数 $1/(\mathrm{e}^x \log x)$ の不定積分

$$H_2(x) := \int \frac{\mathrm{d}x}{\mathrm{e}^x \log x} \tag{1.2}$$

を, 解析的に表示できないかを考察したことがあります.[2] そこでは, 不定積分 $H_2(x)$ が絶対収束する関数項級数で表示できて, 定積分 (1.1) は 0 ではなくて, 負値であることを導いています.

一方, オイラー定数 (γ) の多くの表式の一つが, 次式に示す定積分表示式です.

$$\gamma = -P \int_0^\infty \mathrm{d}x \ \mathrm{e}^{-x} \log x \tag{1.3}$$

そこで, 不定積分 $\int \mathrm{d}x \mathrm{e}^{-x} \log x$ についても γ_2 の場合と同様の推論で, 級数表示を追及してみたいと思います.

2　オイラー定数の級数表示

定積分 $-\gamma = P \int_0^\infty \mathrm{d}x \mathrm{e}^{-x} \log x$ の被積分関数は 0 および ∞ で発散しますから, これを広義積分

$$\lim_{r \to \infty} I(r) := \lim_{r \to \infty} \int_{1/r}^r \mathrm{d}x \ \mathrm{e}^{-x} \log x \tag{$\star$}$$

で計算します. そして定積分 $I(r)$ を求めるにあたり, まず不定積分

$$H(x) := \int \mathrm{d}x \ \mathrm{e}^{-x} \log x \tag{2.1}$$

を求めます. (2.1) において, $t := \log x$ と置換すると

$$H(x) = \int \mathrm{d}x \ \mathrm{e}^{-x} \log x \quad = \quad \int \mathrm{d}t \ \mathrm{e}^t \ t \exp(-\mathrm{e}^t)$$

$$= \quad \int \mathrm{d}t \ \mathrm{e}^t \ t \sum_{l=0}^{\infty} \frac{(-\mathrm{e}^t)^l}{l!}$$

$$= \quad \int t \, \mathrm{d}t \sum_{l=0}^{\infty} \frac{(-1)^l}{l!} \ \mathrm{e}^{(l+1)t}$$

$$= \quad \int t \, \mathrm{d}t \sum_{l=0}^{\infty} \frac{(-1)^l}{l!} \sum_{m=0}^{\infty} \frac{(l+1)^m t^m}{m!}$$

$$= \quad \int \mathrm{d}t \sum_{m=0}^{\infty} \frac{t^{m+1}}{m!} \sum_{l=0}^{\infty} \frac{(-1)^l (l+1)^m}{l!} \tag{2.2}$$

$$= \quad \int \mathrm{d}t \sum_{m=0}^{\infty} \frac{\varphi(m)}{m!} t^{m+1} \tag{2.3}$$

ここで導入した $\varphi(m)$ を変形すると

$$\varphi(m) := \sum_{l=0}^{\infty} \frac{(-1)^l (l+1)^m}{l!} \quad = \quad \sum_{l=0}^{\infty} \frac{(-1)^l}{l!} \sum_{r=0}^{m} \left(\begin{array}{c} m \\ r \end{array} \right) l^r$$

$$= \quad \sum_{r=0}^{m} \left(\begin{array}{c} m \\ r \end{array} \right) \psi(r) \tag{2.4}$$

$$= \quad -\psi(m+1) \tag{2.5}$$

(2.4), (2.5) への変形では, 下記の定義式および漸化式を用いています。[1]

$$\psi(r) \quad := \quad \sum_{l=0}^{\infty} \frac{(-1)^l l^r}{l!} \tag{a1.0}$$

$$\psi(m+1) \quad = \quad -\sum_{r=0}^{m} \left(\begin{array}{c} m \\ r \end{array} \right) \psi(r) \tag{a1.1*}$$

したがって,

$$H(x) = -\int \mathrm{d}t \sum_{m=0}^{\infty} \frac{\psi(m+1)}{m!} t^{m+1} \quad = \quad -\sum_{m=0}^{\infty} \int \mathrm{d}t \frac{\psi(m+1)}{m!} t^{m+1} \tag{2.6}$$

$$= \quad -\sum_{m=0}^{\infty} \frac{\psi(m+1)}{(m+2)m!} t^{m+2} \tag{2.7}$$

と表されます. (2.6) において級数の項別積分を実行していますが, これは被積分関数が整級数 (冪級数) だからです。[2] ちなみに, 被積分関数の収束半径は無限大です.

---

[1] 付録 1-3 参照. なお実際に計算してみると, $\psi(0) = \mathrm{e}^{-1}, \psi(1) = \sum_{l=1}^{\infty} (-1)^l (l-1)! = -\sum_{m=0}^{\infty} (-1)^m (m)! = -\mathrm{e}^{-1}, \psi(2) = -\sum_{r=0}^{1} \left(\begin{array}{c} 1 \\ r \end{array} \right) \psi(r) = -(\psi(0) + \psi(1)) = -\mathrm{e}^{-1} + \mathrm{e}^{-1} = 0, \psi(3) = \mathrm{e}^{-1} \ldots$ となります

[2] 整級数は, 収束半径内において絶対かつ一様収束します. 文献 [3] 参照

[**収束半径の計算**]

被積分関数の第 m 項の係数を c_m とすると

$$\frac{c_m}{c_{m+1}} = \frac{\psi(m+1)}{m!}\frac{(m+1)!}{\psi(m+2)} = (m+1)\frac{\psi(m+1)}{\psi(m+2)}$$

$$\therefore \lim_{m\to\infty}\left|\frac{c_m}{c_{m+1}}\right| = \lim_{m\to\infty}(m+1)\left|\frac{\psi(m+1)}{\psi(m+2)}\right|$$

文献 [2] の付録 2 に示すように,

$$\lim_{m\to\infty}\left|\frac{\psi(m+1)}{\psi(m+2)}\right| = \frac{1}{2} \tag{2.8}$$

ですから,

$$\lim_{m\to\infty}\left|\frac{c_m}{c_{m+1}}\right| = \frac{1}{2}\lim_{m\to\infty}(m+1) = \infty \tag{2.9}$$

(2.9) は, コーシー・アダマールの公式より, 被積分関数の収束半径が ∞ であることを意味します.[**計算終**]

(2.7) を用いれば, 式 $(\star)$ で表示した問題の定積分は以下のように計算されます.

$$\lim_{r\to\infty} I(r) = \lim_{r\to\infty}\int_{1/r}^{r}\mathrm{d}x\ \mathrm{e}^{-x}\log x \tag{2.10}$$

$$= -\lim_{r\to\infty}\sum_{m=0}^{\infty}\frac{\psi(m+1)}{(m+2)m!}\left[(\log x)^{m+2}\right]_{1/r}^{r}$$

$$= -\lim_{r\to\infty}\sum_{m=0}^{\infty}\frac{\psi(m+1)}{(m+2)m!}\{(\log r)^{m+2} - (-\log r)^{m+2}\} \tag{2.11}$$

(2.11) では, $m=2q+1$ の項のみが残ります. よって

$$\lim_{r\to\infty} I(r) = -2\lim_{r\to\infty}\sum_{q=0}^{\infty}\frac{\psi(2q+2)}{(2q+3)(2q+1)!}(\log r)^{2q+3}$$

$$= -2\lim_{r\to\infty} J(r) \tag{2.12}$$

$$\text{ただし}\quad J(r) := \sum_{p=1}^{\infty}\frac{\psi(2p)}{(2p+1)(2p-1)!}(\log r)^{2p+1}$$

$$= \sum_{p=1}^{\infty}b_{2p}(\log r)^{2p+1}\quad\left(b_{2p}:=\frac{\psi(2p)}{(2p+1)(2p-1)!}\right) \tag{2.13}$$

(2.13) では, $p:=q+1$ としています.

ここで (2.8) を用いて, 級数 $J(r)$ の収束半径 ρ を確かめておきます.

$$\rho = \lim_{p\to\infty}\left|\frac{b_{2p}}{b_{2p+2}}\right| = \lim_{p\to\infty}\left|\frac{\psi(2p)}{(2p+1)(2p-1)!}\times\frac{(2p+3)(2p+1)!}{\psi(2p+2)}\right|$$

$$= \lim_{p\to\infty}2p(2p+1)\left|\frac{\psi(2p)}{\psi(2p+2)}\right|$$

$$= \lim_{p\to\infty}2p(2p+1)\times\frac{1}{2} = \infty$$

3 γ および γ_2 の関係

オイラー定数 γ の対数関数の級数による表示式は, 前節の式 (2.12) により $\gamma = \lim_{x\to\infty} 2J(x)$ となります. ここでは $t := \log x$ と置換して $S(t) := 2J(x)$ と表します. そして第 2 オイラー定数 γ_2 を表わす式は, 文献 [2] の §3 の式 (3.4) の $F(x)$ ですが, 変数 x, t の使い方が逆 $(x = \log t)$ になっていますから, $S_2(t) := 2F(t)$ とします.

$$\gamma = \lim_{t\to\infty} S(t) := \lim_{t\to\infty} \sum_{p=1}^{\infty} \frac{2\psi(2p)}{(2p+1)(2p-1)!} t^{2p+1} \tag{3.1}$$

$$\gamma_2 = \lim_{t\to\infty} S_2(t) := \lim_{t\to\infty} \sum_{p=1}^{\infty} \frac{2\psi(2p)}{(2p-1)(2p)!} t^{2p-1} \tag{3.2}$$

両級数は区間 $[0, \infty)$ で絶対収束し, そのグラフは図 1, 図 2 のようになります.

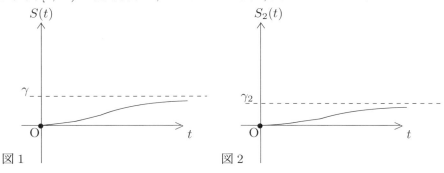

図 1　　　　　図 2

(3.1) の級数 $S(t)$ の各項の分子・分母に $2p$ を掛けると, 次の表式が得られます.

$$S(t) = \sum_{p=1}^{\infty} \frac{4p\psi(2p)}{(2p+1)!} t^{2p+1} \tag{3.3}$$

級数 S と S_2 の関係を知るために, これらを微分してみます. 絶対収束する整級数は項別微分ができますから

$$\frac{dS}{dt} = \frac{d}{dt} \sum_{p=1}^{\infty} \frac{4p\psi(2p)}{(2p+1)!} t^{2p+1} = \sum_{p=1}^{\infty} \frac{4p\psi(2p)}{(2p)!} t^{2p} \tag{3.4}$$

$$\frac{dS_2}{dt} = \frac{d}{dt} \sum_{p=1}^{\infty} \frac{2\psi(2p)}{(2p-1)(2p)!} t^{2p-1} = \sum_{p=1}^{\infty} \frac{2\psi(2p)}{(2p)!} t^{2p-2} \tag{3.5}$$

(3.5) において, $l := p - 1$ と置換すると

$$\frac{dS_2}{dt} = \sum_{l=0}^{\infty} \frac{2\psi(2l+2)}{(2l+2)!} t^{2l}$$

$$= \sum_{l=0}^{\infty} \frac{2\psi(2l+2)}{(2l+2)(2l+1)(2l)!} t^{2l} \tag{3.6}$$

ところが (3.6) において, $l = 0$ の項の係数因子 $\psi(2)$ は 0 ですから[3]

$$\frac{\mathrm{d}S_2}{\mathrm{d}t} = \sum_{l=1}^{\infty} \frac{\psi(2l+2)}{(l+1)(2l+1)(2l)!} t^{2l} \tag{3.7}$$

和のパラメータを p に統一して, (3.4) と (3.7) の差をとると,

$$\frac{\mathrm{d}S}{\mathrm{d}t} - \frac{\mathrm{d}S_2}{\mathrm{d}t} = \sum_{p=1}^{\infty} \left(4p\psi(2p) - \frac{\psi(2p+2)}{(p+1)(2p+1)} \right) \frac{t^{2p}}{(2p)!} \tag{3.8}$$

(3.8) の両辺を積分すると,

$$S - S_2 = \sum_{p=1}^{\infty} \left(4p\psi(2p) - \frac{\psi(2p+2)}{(p+1)(2p+1)} \right) \frac{t^{2p+1}}{(2p+1)!}$$

$$= \sum_{p=1}^{\infty} \phi(p)t^{2p+1} = \Gamma^*(t) \tag{3.9}$$

$$\text{ただし} \qquad \phi(p) := \left(4p\psi(2p) - \frac{\psi(2p+2)}{(p+1)(2p+1)} \right) \frac{1}{(2p+1)!} \tag{3.10}$$

$$\Gamma^*(t) := \sum_{p=1}^{\infty} \phi(p)t^{2p+1} \tag{3.11}$$

(3.9) の両辺で, t を無限に増大させてみると, γ と γ_2 の関係式が得られます.

$$\gamma - \gamma_2 = \lim_{t \to \infty}(S - S_2) = \lim_{t \to \infty} \sum_{p=1}^{\infty} \phi(p)t^{2p+1} \tag{3.12}$$

$$= \lim_{t \to \infty} \Gamma^*(t)$$

つぎに, $a_{2p} = \psi(2p)/(2p)!(2p-1)$ の表式を用いると

$$\psi(2p+2) = a_{2p+2} \times (2p+1)(2p+2)! \quad , \quad \psi(2p) = a_{2p} \times (2p-1)(2p)!$$

となりますから, (3.10) で定義した $\phi(p)$ は

$$\phi(p) = \frac{1}{(2p+1)!} \left(4pa_{2p}(2p-1)(2p)! - \frac{a_{2p+2}(2p+1)(2p+2)!}{(p+1)(2p+1)} \right)$$

$$= \frac{4p(2p-1)}{(2p+1)}2a_{2p} - 2a_{2p+2}$$

$$= \varphi(p)a_{2p} - 2a_{2p+2} \tag{3.13}$$

$$\text{ただし} \qquad \varphi(p) := 4p(2p-1)/(2p+1) \tag{3.14}$$

と表わされます. そして級数 $\Gamma^*(t)$ の収束半径は以下のようにして確かめることができます.

$$\frac{\phi(p)}{\phi(p+1)} = \frac{\varphi(p)a_{2p} - 2a_{2p+2}}{\varphi(p+1)a_{2p+2} - 2a_{2p+4}}$$

$$= \frac{(a_{2p}/a_{2p+2}) - 2/\varphi(p)}{\varphi(p+1)/\varphi(p) - 2a_{2p+4}/a_{2p+2}\varphi(p)} \tag{3.15}$$

---

[3]第 2-1 節の脚注 2 参照

(3.15) において p を無限に増大させると

$$\lim_{p \to \infty} \frac{(a_{2p}/a_{2p+2}) - 2/\varphi(p)}{\varphi(p+1)/\varphi(p) - 2a_{2p+4}/a_{2p+2}\varphi(p)} = \frac{\pm\infty - 0}{1 - 0} = \pm\infty \tag{3.16}$$

つまり収束半径は ∞ です. なお, ここまでの推論では以下の性質を用いています.

$$\lim_{p \to \infty} \varphi(p) = \infty \quad , \quad \lim_{p \to \infty} \varphi(p)/\varphi(p+1) = 1 \tag{3.17}$$

$$\lim_{p \to \infty} \left| \frac{a_{2p}}{a_{2p+2}} \right| = \infty \quad , \quad \varphi(1) = \frac{4}{3} \tag{3.18}$$

4 オイラー定数の整級数表示

§2 ではオイラー定数 γ を対数関数 $\log x$ の整級数を用いて表示しましたが, x の整級数を用いても表示できます.

γ を求めるにあたり, まず不定積分

$$I := \int \mathrm{d}x \, \mathrm{e}^{-x} \log x \tag{4.1}$$

を求めます. e^{-x} は絶対かつ一様収束する整級数に展開できますから, 項別積分できて

$$
\begin{aligned}
I &= \int \mathrm{d}x \log x \sum_{l=0}^{\infty} \frac{(-x)^l}{l!} \\
&= \sum_{l=0}^{\infty} \frac{(-1)^l}{l!} \int x^l \log x \, \mathrm{d}x
\end{aligned}
\tag{4.2}
$$

ここで, 積の微分公式

$$\frac{\mathrm{d}}{\mathrm{d}x}\left(x^{l+1}\log x\right) = (l+1)x^l \log x + x^l$$

を用いると,

$$
\begin{aligned}
(l+1)\int \mathrm{d}x(x^l \log x) + \int x^l \mathrm{d}x &= x^{l+1}\log x \\
\text{i.e.} \quad \int \mathrm{d}x(x^l \log x) &= \frac{1}{l+1}\left(x^{l+1}\log x - \frac{x^{l+1}}{l+1}\right)
\end{aligned}
\tag{4.3}
$$

(4.3) を (4.2) に代入すると

$$
\begin{aligned}
I &= \sum_{l=0}^{\infty} \frac{(-1)^l}{l!}\frac{1}{l+1}\left(x^{l+1}\log x - \frac{x^{l+1}}{l+1}\right) \\
&= -\log x \sum_{l=0}^{\infty} \frac{(-x)^{l+1}}{(l+1)!} + \sum_{l=0}^{\infty} \frac{(-x)^{l+1}}{(l+1)(l+1)!}
\end{aligned}
\tag{4.4}
$$

$m := l + 1$ とおくと

$$
\begin{aligned}
I &= -\log x \sum_{m=1}^{\infty} \frac{(-x)^m}{m!} + \sum_{m=1}^{\infty} \frac{(-x)^m}{m \times m!} \\
&= -(-1 + \mathrm{e}^{-x}) \log x + \sum_{m=1}^{\infty} \alpha_m x^m \tag{4.5}
\end{aligned}
$$

ただし, $\alpha_m := (-1)^m / m \times m!$ としています.

不定積分 I を使えば, オイラー定数 γ は $\gamma = -\lim_{x\to\infty} I + \lim_{x\to 0} I$ により求められます.

これを計算するために $f(x) := \sum_{m=1}^{\infty} \alpha_m x^m$ とおくと, $f(x)$ の収束半径は無限大で

$$
I = \log x - \mathrm{e}^{-x} \log x + f(x) \tag{4.6}
$$

ここで, $f(x)$ は絶対かつ一様に収束しますから,[4] 極限値を κ とします. $(\kappa := \lim_{x\to\infty} f(x))$

また, I の右辺の $\mathrm{e}^{-x} \log x$ の極限値は

$$
\begin{aligned}
\lim_{x\to\infty} \frac{\log x}{\mathrm{e}^x} &= \lim_{x\to\infty} \frac{1}{x\mathrm{e}^x} = 0 \qquad (\text{ロピタルの定理による}) \\
\lim_{x\to 0} \frac{\log x}{\mathrm{e}^x} &= \lim_{x\to 0} \log x \\
\text{よって} \quad [\mathrm{e}^{-x} \log x]_0^{\infty} &= -\lim_{x\to 0} \log x
\end{aligned}
$$

となりますから, $\lim_{x\to 0} f(x) = 0$ に注意して

$$
\begin{aligned}
\gamma = -[I]_0^{\infty} &= \left(-\lim_{x\to\infty} \log x + \lim_{x\to 0} \log x\right) - \lim_{x\to 0} \log x - \kappa \\
&= -\lim_{x\to\infty} \log x + \lim_{y\to 0} \log y - \lim_{z\to 0} \log z - \kappa \\
&= -\lim_{x\to\infty} \log x - \lim_{\eta\to\infty} \log \eta + \lim_{\zeta\to\infty} \log \zeta - \kappa \quad (\eta := 1/y, \zeta := 1/z) \\
&= -\lim_{x,\eta,\zeta\to\infty} \log(x\eta/\zeta) - \kappa \\
&= -\lim_{x,\eta,\zeta\to\infty} \log(1) - \kappa = -\kappa \tag{4.7}
\end{aligned}
$$

よって, オイラー定数の表式は次式のようになります.

$$
\gamma = -\lim_{x\to\infty} f(x) = -\lim_{x\to\infty} \sum_{m=1}^{\infty} \frac{(-x)^m}{m \times m!} \tag{4.8}
$$

そこで 関数 $f(x)$ の形状を知るために, これを微分してみると

$$
\begin{aligned}
f'(x) &= \sum_{m=1}^{\infty} \frac{-(-x)^{m-1}}{m!} \\
&= \frac{1}{x} \sum_{m=1}^{\infty} \frac{(-x)^m}{m!} = \frac{-1 + \mathrm{e}^{-x}}{x} \tag{4.9}
\end{aligned}
$$

これより, $f'(x) < 0, f'(0) = -1, f'(\infty) = 0$ ですから, $f(x)$ のグラフは図3のようになります.

---

[4] 整級数は, 収束半径内において絶対かつ一様収束します. 文献 [1] 参照

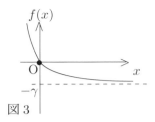

図 3

ところで, 元々オイラー定数 γ は

$$\gamma = \lim_{n\to\infty}\left(\sum_{k=1}^n \frac{1}{k} - \log n\right) \quad (4.10)$$

で定義されました. $\sum_{k=1}^n 1/k = 1 + S(n)$ と表わすと, $S(n) := \sum_{k=2}^n 1/k$ は, 図4の矩形部分の面積の和に等しくなります.

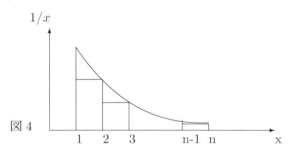

図 4

この面積 $S(n)$ は, 関数 $f(x) = 1/x$ の定積分 $\int_1^n \mathrm{d}x f(x)$ より小さいですから

$$S(n) < \int_1^n \mathrm{d}x f(x) = [\log x]_1^n = \log n \quad (4.11)$$

$$\therefore \sum_{k=1}^n \frac{1}{k} - \log n = 1 + S(n) - \log n < 1 \quad (4.12)$$

(4.10),(4.12) より $\gamma \leq 1$ となり, γ は定数です. ($\gamma \approx 0.5772$)

5 おわりに

今回の論文の目的は, オイラー定数 γ と第2オイラー定数 γ_2 との関係を解析することでした. その一つの答えが式 (3.12) に示す関係式です.

$$\gamma - \gamma_2 = \lim_{t\to\infty} \sum_{p=1}^\infty \phi(p) t^{2p+1}$$

一方, γ と γ_2 については, ガンマ関数を用いた明快な表式が文献 [1] で紹介されています. α を正の実数部をもつ複素数とするとき, ガンマ関数 $\Gamma(\alpha)$ は次式で定義されます.

$$\Gamma(\alpha) := \int_0^\infty \mathrm{d}x\, \mathrm{e}^{-x} x^{\alpha-1} \quad (5.1)$$

そして $\Gamma(\alpha)$ の α に関する導関数 $\Gamma^{(1)}(\alpha)$ および不定積分を求めると, C_1 を積分定数として

$$\Gamma^{(1)}(\alpha) = \int_0^\infty \mathrm{d}x\, \mathrm{e}^{-x} x^{\alpha-1} \log x \tag{5.2}$$

$$\int \mathrm{d}\alpha\, \Gamma(\alpha) = \tilde{\Gamma}^{(1)}(\alpha) + C_1 \tag{5.3}$$

$$\text{ただし} \quad \tilde{\Gamma}^{(1)}(\alpha) := P \int_0^\infty \mathrm{d}x \frac{\mathrm{e}^{-x} x^{\alpha-1}}{\log x} \tag{5.4}$$

上記の関数記号 $\tilde{\Gamma}^{(1)}(\alpha)$ は文献 [1] の表記に習っています。[5]

(5.2),(5.4) で $\alpha = 1$ とおくと, $\Gamma^{(1)}(1) = -\gamma, \tilde{\Gamma}^{(1)}(1) = -\gamma_2$ であることが分かります.
つぎに, $\Gamma(\alpha)$ の n 階導関数を $\Gamma^{(n)}(\alpha)$ と表せば,

$$\Gamma^{(n)}(\alpha) = \int_0^\infty \mathrm{d}x\, \mathrm{e}^{-x} x^{\alpha-1} (\log x)^n \tag{5.5}$$

そして, $\Gamma(\alpha)$ を n 回不定積分したものは, $\{C_i\}$ を積分定数として

$$\underbrace{\iint\cdots\int}_{n} \mathrm{d}\alpha\, \Gamma(\alpha) = \tilde{\Gamma}^{(n)}(\alpha) + \sum_{i=1}^n C_i \alpha^{n-i}$$

$$\text{ただし} \quad \tilde{\Gamma}^{(n)}(\alpha) := P \int_0^\infty \mathrm{d}x\, \mathrm{e}^{-x} x^{\alpha-1} (\log x)^{-n} \tag{5.6}$$

となります. (5.5),(5.6) を用いて, $\Gamma^{(n)}(1), \tilde{\Gamma}^{(n)}(1)$ という新たな定数が生まれます.

これらの定数の級数表示については, 付録 3 に示しています.

定数 $\Gamma^{(n)}(1)$ の絶対値を **n 階オイラー定数**, $\tilde{\Gamma}^{(n)}(1)$ の絶対値を **n 階第 2 オイラー定数** と名付けてみてはいかがでしょうか.

付録 1　文献 [2] への補足

付録 1-1　文献 [2] の概要

文献 [2] のテーマは, 定積分 $I_2 := P \int_0^\infty \frac{\mathrm{d}x}{\mathrm{e}^x \log x}$ の値が 0 か否かを明らかにすることでした. I_2 は絶対収束する整級数で表される関数

$$f(t) = \sum_{p=1}^\infty a_{2p} (\log t)^{2p-1} \qquad \left(a_{2p} := \frac{\psi(2p)}{(2p)!(2p-1)} \right) \tag{a1.1}$$

を用いて, 次のように表示されました.

$$I_2 = -2 \lim_{t\to\infty} f(t) \tag{♭}$$

---

[5]式 (††) において, $\int \mathrm{d}\alpha\, \Gamma(\alpha) = \int_0^\infty \mathrm{d}x\, \mathrm{e}^{-x} \int \mathrm{d}\alpha\, x^{\alpha-1} = \int_0^\infty \mathrm{d}x\, \mathrm{e}^{-x} (x^{\alpha-1}/\log x + C_1) = \tilde{\Gamma}^{(1)}(\alpha) + \int_0^\infty \mathrm{d}x\, \mathrm{e}^{-x} C_1 = \tilde{\Gamma}^{(1)}(\alpha) + C_1$

$x := \log t$ と変数変換して, $F(x) := f(t)$ と表わせば

$$F(x) = \sum_{p=1}^{\infty} a_{2p} x^{2p-1} \tag{a1.2}$$

と表現されます.[6] そして級数 (a1.2) の係数 $\{a_{2p}\}$ の符号配列は, 連続する複数の項について同一で, やがて反符号となって複数項続き, このような符号反転を繰り返します. しかも, 同符号の項数は徐々に増加します.[7]

そこで k 個の連続する正符号項の末項を, 級数 (a1.2) の第 m 項と名付け, m 項までの部分和 F_m に含まれる正係数を a_{2q}, 負係数を $-|a_{2n}|$ のように表せば 部分和の項順を入れ替えて

$$F_m = \sum_{(q)}^{m} a_{2q} x^{2q-1} - \sum_{(n)}^{m-k} |a_{2n}| x^{2n-1} \tag{a1.3}$$

右辺の和記号 $\sum_{(l)}$ は, 正項（または負項）のみの和を意味します. (a1.3) において, 負項の符号を反転したものの和を加減すると, 次のように変形できます.

$$F_m = \sum_{(q)}^{m} a_{2q} x^{2q-1} + \sum_{(n)}^{m-k} |a_{2n}| x^{2n-1} - 2 \sum_{(n)}^{m-k} |a_{2n}| x^{2n-1}$$

さらに, k 個の正項列の直前の負項列の個数を j として, $(m-k-j)$ 項までの正項の和を 2 倍したものを加減してやると

$$\begin{aligned} F_m &= \sum_{(q)}^{m} a_{2q} x^{2q-1} + \sum_{(n)}^{m-k} |a_{2n}| x^{2n-1} - 2 \sum_{(n)}^{m-k} |a_{2n}| x^{2n-1} \\ &\quad - 2 \sum_{(q)}^{m-k-j} a_{2q} x^{2q-1} + 2 \sum_{(q)}^{m-k-j} a_{2q} x^{2q-1} \end{aligned} \tag{a1.4}$$

式 (a1.4) の右辺の第 1, 第 2 項の和は, 絶対値級数の m 項までの部分和であり, 第 3, 第 4 項の和は, 絶対値級数の $(m-k)$ 項までの部分和の -2 倍ですから, $a_2 = 0$(つまり $\psi(2) = 0$)に注意して

$$F_m = \sum_{l=2}^{m} |a_{2l}| x^{2l-1} - 2 \sum_{l=2}^{m-k} |a_{2l}| x^{2l-1} + 2 \sum_{(q)}^{m-k-j} a_{2q} x^{2q-1} \tag{a1.5}$$

この F_m は, ある正項列までの部分和ですが, その部分和列 $\{F_m\}$ の極限値は任意の部分和列の極限値 (つまり $F(x)$) に一致します.[8] そして文献 [2] の付録 1 命題 3 で, 係数 a_{2p} が

$$e a_{2p} = K_{2p} \times 10^{-p} \qquad (1 \le |K_{2p}| < 10) \tag{a1.6}$$

と表されると評価して計算を進めています. (文献 [2] の記号 α_{2p} を K_{2p} と表わしています)

---

[6] 文献 [2] の式 (3.4) 参照
[7] 文献 [2] 付録 1 命題 (2) 参照
[8] 級数 $F(x)$ の第 l 部分和を F_l とします. l 項が負のときは l 項の直前の正項列の最終項を $m(l)$ 項とし, l 項が正のときは l 項を含む正項列の最終項を $m(l)$ 項とすれば, $F_l = F_{m(l)} - D_l$ と表わせます. ($D_l \ge 0$) これより $D_l = |F_l - F_{m(l)}|$ は l が無限に増大するとき, 0 をに収束します. (なぜなら, $F(x)$ が絶対収束級数だからです) したがって, $\lim_{l \to \infty} F_l = \lim_{m(l) \to \infty} F_{m(l)}$

しかしこの評価式 (a1.6) の条件 " $1 \leq |K_{2p}| < 10$ " は, すべての p に対しては成り立たないことが, その後の数値計算で判明しました. しかも部分和 F_m の符号判定には, " $|K_{2p}| < 10$ " という条件のみで十分です.

数値計算結果と整合する, 正しい評価式は

$$ea_m = K_m \times 10^{-m/2} \qquad (|K_m| < 10) \tag{a1.7}$$

となります. (次節で詳述しています)

そこで表示式 (a1.7) を適用して, (a1.5) において $r := x^2/10$ とおくと, $0 \leq |K_m| < 10$ に注意して

$$
\begin{aligned}
exF_m &= \sum_{l=2}^{m} |K_{2l}|r^l - 2\sum_{l=2}^{m-k} |K_{2l}|r^l + 2\sum_{(q)}^{m-k-j} a_{2q}r^q \\
&> 0 - 20\sum_{l=2}^{m-k} r^l + 0 = -20\frac{r^{m+1-k} - r^2}{r - 1}
\end{aligned} \tag{a1.8}
$$

(a1.8) を G_m と表すと, k は m と共に増大しますから

$$
\begin{aligned}
G_\infty := \lim_{m \to \infty} G_m &= \lim_{(m-k) \to 0} G_m \\
&= -20\frac{r - r^2}{r - 1} = 20r > 0
\end{aligned} \tag{a1.9}
$$

これから, $\lim_{m \to \infty} exF_m \geq G_\infty > 0$ ですから, $F(x) = \lim_{m \to \infty} F_m > 0$ となり, (a1.2) の符号は正と判定されます. そして, 以上の推論は, 一般につぎの定理が成り立つことを意味しています.

定理 区間 $(0, \infty)$ で定義された絶対収束級数 $f(x) = \sum_{p=1}^{\infty} A_p x^p$ において, $A_p = \phi(p) \times a(2p)(\phi(p) > 0)$ と表わしたとき, $|\phi(p)| \leq N$ ならば, $f(x) > \kappa \times 20Nx > 0$ と結論されます.(κ は正数)

付録 1-2 係数の評価式 (a1.7) の証明

級数 (a1.1) の係数 $\{a_m\}$ について, $A_m := ea_m = e\psi(m)/(m-1)m!$ と定義して数値計算してみると, $A_2 = 0, A_3 \approx 0.0833 \approx 2.6246 \times 10^{-3/2}, A_4 \approx 0.0138 \approx 1.38 \times 10^{-2}, A_5 \approx -4.16 \times 10^{-3} \approx -1.3155 \times 10^{-5/2}, A_6 \approx -2.50 \times 10^{-3}$ などが得られ, 添い字 m と 10 の指数 $-m/2$ との間の下記のような関連が示唆されます.

$$A_m \approx k(m) \times 10^{m/2} \qquad (|k(m)| < 10) \tag{†}$$

そこで $3 \leq r \leq m$ なる r について, $A_r = k(r) \times 10^{-r/2}$ と仮定して, A_{m+1} を計算してみます. ($|k(r)| < 10$ とします)

$$A_{m+1} = \mathrm{e}\frac{\psi(m+1)}{m(m+1)!} \quad = \quad \mathrm{e}\frac{-1}{m(m+1)!}\sum_{r=0}^{m}\binom{m}{r}\psi(r)$$

$$= \quad \frac{-1}{m(m+1)!}\sum_{r=1}^{m}\binom{m}{r}r!(r-1)A_r - \frac{1}{m(m+1)!}$$

$$= \quad \frac{-1}{m(m+1)}\sum_{r=2}^{m}\frac{r-1}{(m-r)!}A_r - \frac{1}{m(m+1)!}$$

スターリングの公式 $x! \approx \sqrt{2\pi x}x^x\mathrm{e}^{-x}$ を適用すると

$$A_{m+1} \approx \frac{-1}{m(m+1)\sqrt{2\pi}}\sum_{r=2}^{m-1}\frac{r-1}{\sqrt{(m-r)}}\frac{\mathrm{e}^{m-r}}{(m-r)^{m-r}}A_r - \frac{1}{m(m+1)!} - \frac{m-1}{m(m+1)}A_m \quad (a1.10)$$

$A_m = k(m) \times 10^{-m/2}$ ですから, (a1.10) の右辺の第 2, 3 項は十分大きな m に対しては無視できて

$$|A_{m+1}| \quad \approx \quad \frac{1}{m(m+1)\sqrt{2\pi}}\left|\sum_{r=2}^{m-1}\frac{r-1}{\sqrt{(m-r)}}\frac{\mathrm{e}^{m-r}}{(m-r)^{m-r}}A_r\right|$$

$$< \quad \frac{m-2}{m(m+1)\sqrt{2\pi}}\sum_{r=2}^{m-1}\frac{\mathrm{e}^{m-r}}{(m-r)^{m-r}}|A_r| \quad (a1.11)$$

$$\approx \quad \frac{(m-2)10^{-m/2}}{m(m+1)\sqrt{2\pi}}\sum_{r=2}^{m-1}\frac{(\mathrm{e}\sqrt{10})^{m-r}|k(r)|}{(m-r)^{m-r}} \quad (\because |A_r| = |k(r)|10^{-r/2}) \quad (a1.12)$$

$$< \quad \frac{(m-2)10^{1-m/2}}{m(m+1)\sqrt{2\pi}}\sum_{r=2}^{m-1}\frac{(\mathrm{e}\sqrt{10})^{m-r}}{(m-r)^{m-r}} \quad (\because |k(r)| < 10) \quad (a1.13)$$

代数和 $\sum_{r=2}^{m-1}\frac{(\mathrm{e}\sqrt{10})^{m-r}}{(m-r)^{m-r}}$ については, 数値計算により $m = 12$ のときの和 (≈ 115) より大きくは無いことが分かりますから

$$|A_{m+1}| < \frac{115(m-2)10^{1-m/2}}{m(m+1)\sqrt{2\pi}} \quad = \quad \frac{(m-2)}{m(m+1)}\frac{1150\sqrt{5}}{\sqrt{\pi}}10^{-(m+1)/2}$$

$$\text{i.e.} \quad |A_{m+1}| \quad = \quad \lambda(m+1)K(m+1)10^{-(m+1)/2} \quad (a1.14)$$

$$\text{ただし} \qquad K(m+1) \quad := \quad \frac{(m-2)}{m(m+1)}\frac{1150\sqrt{5}}{\sqrt{\pi}}$$

$$\lambda(m+1) \quad < \quad 1$$

そこで, $K(m+1)$ が 10 に等しくなる m の値を求めてみます. それは, 2 次方程式 $10\sqrt{\pi}m(m+1) = 1150\sqrt{5}(m-2)$ の解で, $m \approx 2.04$ または $m \approx 142.03$ となります. したがって $K(m+1) < 10$ を満たすのは, 143 以上の m となります.

このとき, $\tilde{K}(m+1) := \lambda(m+1)K(m+1) < 10$ ですから, 自然数 $m \geq 144$ に対して

$$A_m \quad = \quad \tilde{K}(m) \times 10^{-m/2} \quad (|\tilde{K}(m)| < 10) \quad (\dagger\dagger)$$

$$\lim_{m\to\infty}\tilde{K}(m) \quad = \quad \lim_{m\to\infty}\frac{(m-3)}{m(m-1)} = 0 \quad (\sharp)$$

と評価されることになります. ただし (††) は, 143 以下の m について帰納法の仮定 $|\tilde{K}(m)| < 10$ が成り立つ場合に, すべての m に対して正しい評価式となります.

そこで, くわしく数値計算してみると, 係数 $\{A_m\}$ は (††) の形に表わされて, $m \leq 38$ では $1 < |\tilde{K}(m)| < 10$ が当てはまり, $m \geq 39$ では $|\tilde{K}(m)| < 1(< 10)$ となり, 確かに 143 以下の m について $|\tilde{K}(m)| < 10$ が成り立っています. そして m の増大と共に $|\tilde{K}(m)|$ は減少しています.[9] この減少傾向は, 論理的帰結である (♯) と合致します.

よって, 数値計算の結果と（十分大きな m に対して）論証された式 (††) とを比較考慮すれば, すべての m に当てはまる表示式としては, $|K_m| < 10$ を条件として

$$A_m = K_m \times 10^{-m/2} \tag{a1.15}$$

を用いることができます. (これは (a1.7) にほかなりません)

付録 1-3　式 (a1.0),(a1.1) の説明

文献 [2] の §2 に示すように,

$$
\begin{aligned}
\exp(-\mathrm{e}^t) &= \sum_{l=0}^{\infty} \frac{(-\mathrm{e}^t)^l}{l!} = \sum_{l=0}^{\infty} \frac{(-1)^l \mathrm{e}^{lt}}{l!} \\
&= \sum_{l=0}^{\infty} \frac{(-1)^l}{l!} \sum_{m=0}^{\infty} \frac{(lt)^m}{m!} = \sum_{m=0}^{\infty} \frac{t^m}{m!} \sum_{l=0}^{\infty} \frac{(-1)^l l^m}{l!}
\end{aligned}
\tag{a1.16}
$$

(a1.16) の最右辺の l に関する無限和を $\psi(m)$ と定義します.

$$\psi(m) := \sum_{l=0}^{\infty} \frac{(-1)^l l^m}{l!} \tag{a1.17}$$

この $\psi(m)$ を変形すると

$$
\begin{aligned}
\psi(m) := \sum_{l=0}^{\infty} \frac{(-1)^l l^m}{l!} &= \sum_{l=1}^{\infty} \frac{(-1)^l l^{m-1}}{(l-1)!} \\
&= \sum_{l=0}^{\infty} \frac{(-1)^{l+1}(l+1)^{m-1}}{l!} \\
&= -\sum_{l=0}^{\infty} \frac{(-1)^l}{l!} \sum_{r=0}^{m-1} l^r \binom{m-1}{r} \\
&= -\sum_{r=0}^{m-1} \binom{m-1}{r} \psi(r)
\end{aligned}
\tag{a1.18}
$$

という漸化式が得られます.

---

[9]$A_{38} = 1.0702 \times 10^{-19}$, $A_{39} = 0.7532 \times 10^{-39/2}$. $A_{40} = 0.1125 \times 10^{20}$, $A_{50} = -0.1953 \times 10^{-25}$, $A_{100} = (4.3031 \times 10^{-6}) \times 10^{-50}$, $A_{200} = (1.4155 \times 10^{-20}) \times 10^{-100}$

付録2　オイラー定数のその他の表示式

　参考までに, Wikipedia からの引用を記しておきます.

[1] ガンマ関数との関係

ガンマ関数 $\Gamma(x)$ の乗積表示

$$\Gamma(x) = \lim_{n \to \infty} \frac{n^x n!}{\prod_{k=0}^n (x+k)}$$

から, その対数 $\log \Gamma(x)$ を x で微分すると

$$D(x) := \frac{\mathrm{d}}{\mathrm{d}x} \log \Gamma(x) = \lim_{n \to \infty} \left(\log n - \sum_{k=0}^n \frac{1}{x+k} \right)$$

が得られますから, $D(1) = -\gamma$ の関係式が導かれます.

[2] リーマンの ζ 関数との関係

　リーマンの ζ 関数は

$$\zeta(k) = \sum_{n=1}^\infty \frac{1}{n^k}$$

です. この関数とオイラー定数との関係の一例として

$$\gamma = \sum_{n=2}^\infty \frac{(-1)^n \zeta(n)}{n}$$

があります.

付録3　$\Gamma^{(n)}(1), \tilde{\Gamma}^{(n)}(1)$ の表示式

　まず　$\Gamma^{(n)}(1)$ については

$$\Gamma^{(n)}(1) = P \int_0^\infty \mathrm{d}x \, \mathrm{e}^{-x} (\log x)^n = \lim_{r \to \infty} \int_{1/r}^r \mathrm{d}x \, \mathrm{e}^{-x} (\log x)^n \tag{a3.1}$$

計算結果は, $n = 2\nu$ なら $m = 2\mu + 1$ として

$$\Gamma^{(n)}(1) = -2 \lim_{r \to \infty} \sum_{\mu=0}^\infty \frac{\psi(2\mu + 2)}{(2\mu + n + 2)(2\mu + 1)!} (\log r)^{n+2\mu+1} \tag{a3.2}$$

$n = 2\nu + 1$ なら $m = 2\mu$ として

$$\Gamma^{(n)}(1) = -2 \lim_{r \to \infty} \sum_{\mu=0}^\infty \frac{\psi(2\mu + 1)}{(2\mu + n + 1)(2\mu)!} (\log r)^{n+2\mu+1} \tag{a3.3}$$

つぎに, $\tilde{\Gamma}^{(n)}(1)$ については

$$\tilde{\Gamma}^{(n)}(1) = P \int_0^\infty \mathrm{d}x \, \mathrm{e}^{-x} (\log x)^{-n} \tag{a3.4}$$

計算結果は $n = 2\nu$ のとき, $m = 2\mu + 1$ として

$$\tilde{\Gamma}^{(n)}(1) = -2 \lim_{r \to \infty} \sum_{2\mu \neq n-1}^{\infty} \frac{\psi(2\mu+1)}{(2\mu+1)!} \frac{1}{2\mu+1-n} (\log r)^{2\mu+1-n} \tag{a3.5}$$

そして $n = 2\nu + 1$ のときは, $m = 2\mu$ として

$$\tilde{\Gamma}^{(n)}(1) = -2 \lim_{r \to \infty} \sum_{2\mu \neq n}^{\infty} \frac{\psi(2\mu)}{(2\mu)!(2\mu-n)} (\log r)^{2\mu-n} \tag{a3.6}$$

参考文献

[1] 中西 襄 「第 2 オイラー定数」数学・物理通信 8 巻 9 号 (2018 年 10 月)p.11〜p.13

[2] 秋葉 敏男 「ある定積分の解析」数学・物理通信 8 巻 8 号 (2018 年 10 月) p.27〜p.37

[3] 田島・近藤・天野 共著 『微分・積分』 培風館 (1967 年)
    整級数の収束性・項別微積分性については, p.184〜p.185 参照

[4] https://ja.wikipedia.org/wiki/オイラー定数

第4章 積分方程式演習
——"積分方程式における興味ある問題 (1)"に寄せて——

1 はじめに

文献 [1] に掲載された「積分方程式における興味ある問題 (1)」において, 球状星団の星の空間分布密度 $\rho(r)$ と観測面密度 $k(x)$ との関係が論じられており

$$k(x) = 2\int_x^\infty \frac{r\rho(r)}{\sqrt{r^2 - x^2}}\mathrm{d}r \tag{1}$$

という関係式が示されています.

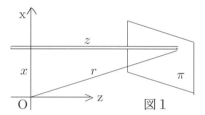

O は星団の中心
π は観測投影面

図1

天文観測から $k(x)$ が知られますから, 空間分布 $\rho(r)$ を求めるには (1) を積分方程式として解くことになります. その解法については, 世戸 氏より 2 つの方法が紹介されています.
(1) 二重積分を利用する
  結果は

$$\rho(r) = \frac{-1}{\pi r}\frac{\partial}{\partial r}\int_r^\infty \frac{xk(x)}{\sqrt{x^2 - r^2}}\mathrm{d}x \tag{2}$$

(2) ラプラス変換を利用する
  変数変換

$$R := \frac{1}{r^2} \qquad X := \frac{1}{x^2}$$

により式 (1) は

$$K(X) = \int_0^X \frac{D(R)}{\sqrt{X - R}}\mathrm{d}R \tag{3}$$

と変形されます. 但し,

$$K(X) := xk(x) = X^{-1/2}k(X^{-1/2}) \qquad D(R) := r^3\rho(r) = R^{-3/2}\rho(R^{-1/2})$$

掲載論文では積分方程式 (3) の導出で終わっていますが, 合成積のラプラス変換の公式を用いて容易に解けて

$$D(R) = \frac{1}{\pi}\frac{\partial}{\partial R}\int_0^R \frac{K(X)}{\sqrt{R - X}}\mathrm{d}X \tag{4}$$

が導かれます. そして変数を元にもどせば

$$\rho(r) = \frac{-1}{\pi}\frac{\partial}{\partial r}\int_r^\infty \frac{rk(x)}{x\sqrt{x^2-r^2}}\mathrm{d}x \tag{5}$$

式 (2) と (5) は表式が異なりますが, 同一の空間密度を与えるはずですから, 次に具体例で確認してみます.

2 具体例の計算

星の空間分布として, 次のようなものを仮定してみます.
(1) $\rho(r) = \rho_0 \mathrm{e}^{-br^2}$ 　(ガウス分布)
(2) $\rho(r) = \frac{\rho_0}{r^2+1}$ 　(岩波数学公式 I p.271 の図 6.17 を変形したもの)

2.1 　$\rho(r) = \rho_0 \mathrm{e}^{-br^2}$ の場合

式 (1) より

$$k(x) = \int_x^\infty \frac{2r\rho(r)\mathrm{d}r}{\sqrt{r^2-x^2}} = \rho_0\int_x^\infty \frac{2r\mathrm{e}^{-br^2}\mathrm{d}r}{\sqrt{r^2-x^2}}$$

$r^2-x^2 := t^2$ により変数 t を導入すれば

$$k(x) = 2\rho_0 \mathrm{e}^{-bx^2}\int_0^\infty \mathrm{e}^{-bt^2}\mathrm{d}t = \rho_0\sqrt{\frac{\pi}{b}}\mathrm{e}^{-bx^2} \tag{6}$$

逆に $k(x)$ を既知量として, $\rho(r)$ を求めてみます. まず 式 (2) により

$$-\pi r\rho(r) = \frac{\partial}{\partial r}\int_r^\infty \frac{xk(x)\mathrm{d}x}{\sqrt{x^2-r^2}} := \frac{\partial}{\partial r}I(r)$$

積分 $I(r)$ は $k(x)$ の場合と同様にして計算できて, $I(r) = \frac{\rho_0\pi}{2b}\mathrm{e}^{-br^2}$ となりますから, $\rho(r) = \rho_0\mathrm{e}^{-br^2}$ となり元の分布に一致します.
次に式 (5) を使って計算します.

$$-\pi\rho(r) = \frac{\partial}{\partial r}\int_r^\infty \frac{rk(x)\mathrm{d}x}{x\sqrt{x^2-r^2}} := \frac{\partial}{\partial r}rJ(r)$$

$x^2-r^2 := t^2$ によって変数変換すれば

$$\begin{aligned}
J(r) = \int_r^\infty \frac{xk(x)\mathrm{d}x}{x^2\sqrt{x^2-r^2}} &= k_0\mathrm{e}^{-br^2}\int_0^\infty \frac{\mathrm{e}^{-bt^2}\mathrm{d}t}{t^2+r^2}\\
&\doteq k_0\mathrm{e}^{-br^2}\frac{\sqrt{\pi}\mathrm{e}^{br^2}}{r}\mathrm{Erfc}(r\sqrt{b})\\
&= k_0\frac{\sqrt{\pi}}{r}\mathrm{Erfc}(r\sqrt{b})
\end{aligned}$$

(Erfc(x) については, 付録の公式 (13) を参照してください.)

54

よって

$$-\pi\rho(r) = \frac{\partial}{\partial r}k_0\sqrt{\pi}\mathrm{Erfc}(r\sqrt{b}) \quad = \quad \rho_0\frac{\pi}{\sqrt{b}}\frac{\partial}{\partial r}\int_{r\sqrt{b}}^{\infty}\mathrm{e}^{-t^2}\mathrm{d}t$$
$$= \quad -\rho_0\pi\mathrm{e}^{-br^2}$$

従って $\rho(r) = \rho_0\mathrm{e}^{-br^2}$ となり, 式 (5) からも同じ分布が得られます.

この場合の $k(x)$ と $\rho(r)$ の比は

$$\frac{k(x)}{\rho(r)} = \sqrt{\pi/b}\times\mathrm{e}^{(r^2-x^2)} = \sqrt{\pi/b}\times\mathrm{e}^{z^2}$$

ところが投影面の星密度 $k(x)$ は, 星団の空間密度 $\rho(r)$ より大きいですから

$$\sqrt{\pi/b}\times\mathrm{e}^{z^2} \quad \geq \quad 1$$
$$\text{i.e.} \quad b \quad \leq \quad \pi\times\mathrm{e}^{2z^2} \tag{†}$$

でなければなりませんが, z は星団までの距離ですから (†) は満足されます.

2.2 $\rho(r) = \frac{\rho_0}{r^2+1}$ の場合

まず (1) 式より, $k(x)$ を求めます. 計算の要領は前節と同様で,

$$k(x) = 2\rho_0\int_x^{\infty}\frac{r\mathrm{d}r}{\sqrt{r^2-x^2}}\frac{1}{r^2+1}$$

$r^2 - x^2 := t^2$ により変数変換すれば

$$k(x) = 2\rho_0\int_0^{\infty}\frac{\mathrm{d}t}{t^2+x^2+1} \quad = \quad 2\rho_0\frac{\pi}{2\sqrt{x^2+1}}$$
$$= \quad \frac{\pi\rho_0}{\sqrt{x^2+1}} \tag{7}$$

定積分の計算には, 付録の公式 (10) を使っています.
次に逆問題を解くために, 式 (2) を使って

$$-\pi r\rho(r) \quad = \quad \frac{\partial}{\partial r}I(r)$$
$$I(r) \quad := \quad \pi\rho_0\int_r^{\infty}\frac{x\mathrm{d}x}{\sqrt{x^2-r^2}}\frac{1}{\sqrt{x^2+1}}$$

$x^2 - r^2 := t^2$ により変数 t を導入すれば

$$I(r) \quad = \quad \pi\rho_0\int_0^{\infty}\frac{\mathrm{d}t}{\sqrt{t^2+r^2+1}}$$
$$\frac{\partial}{\partial r}I(r) \quad = \quad -\pi\rho_0 r\int_0^{\infty}\frac{\mathrm{d}t}{(t^2+r^2+1)^{3/2}}$$
$$= \quad -\pi\rho_0\frac{r}{r^2+1}\int_0^{\infty}\frac{\mathrm{d}\xi}{(\xi^2+1)^{3/2}} \quad (t := \xi\sqrt{r^2+1})$$

$$
\begin{aligned}
&= -\pi\rho_0 \frac{r}{r^2+1} \frac{\Gamma(1)\Gamma(1/2)}{2\Gamma(3/2)} \qquad \text{(付録の公式 (12) 参照)} \\
&= -\pi\rho_0 \frac{r}{r^2+1}
\end{aligned}
$$

以上より $\rho(r) = \rho_0/(r^2+1)$ となり，元の分布が確かめられます．

次に表式 (5) を用いてみます．

$$
\begin{aligned}
-\pi\rho(r) &= \frac{\partial}{\partial r} r J(r) \\
J(r) &:= \pi\rho_0 \int_r^\infty \frac{\mathrm{d}x}{x\sqrt{x^2-r^2}} \frac{1}{\sqrt{x^2+1}} \\
&= \pi\rho_0 \int_0^\infty \frac{\mathrm{d}t}{(t^2+r^2)\sqrt{t^2+r^2+1}} \qquad (x^2-r^2 := t^2) \\
&= \pi\rho_0 \int_0^\infty \frac{\mathrm{d}\xi}{r^2(\xi^2+1)\sqrt{\xi^2+1+1/r^2}} \qquad (t := r\xi)
\end{aligned}
$$

従って

$$
\begin{aligned}
-\pi\rho(r) &= \frac{\partial}{\partial r} r J(r) = \pi\rho_0 \frac{\partial}{\partial r} \frac{1}{r} \int_0^\infty \frac{\mathrm{d}\xi}{(\xi^2+1)\sqrt{\xi^2+1+1/r^2}} \\
-\frac{\rho(r)}{\rho_0} &= \frac{-1}{r^2} \int_0^\infty \frac{\mathrm{d}\xi}{(\xi^2+1)\sqrt{\xi^2+1+1/r^2}} + \frac{1}{r} \frac{\partial}{\partial r} \int_0^\infty \frac{\mathrm{d}\xi}{(\xi^2+1)\sqrt{\xi^2+1+1/r^2}} \\
&= \frac{-1}{r^2} \int_0^\infty \frac{\mathrm{d}\xi}{(\xi^2+1)\sqrt{\xi^2+1+1/r^2}} + \frac{1}{r} \int_0^\infty \frac{\mathrm{d}\xi}{r^3(\xi^2+1)(\xi^2+1+1/r^2)^{3/2}} \\
&= \frac{1}{r^4} \int_0^\infty \frac{\mathrm{d}\xi}{(\xi^2+1)(\xi^2+1+1/r^2)^{3/2}} (1 - r^2(\xi^2+1+1/r^2)) \\
&= -\frac{1}{r^2} \int_0^\infty \frac{\mathrm{d}\xi}{(\xi^2+1+1/r^2)^{3/2}} \\
&= -r \int_0^\infty \frac{\mathrm{d}\xi}{(r^2(\xi^2+1)+1)^{3/2}} \\
&= -r \int_0^\infty \frac{\mathrm{d}\xi}{(r^2\xi^2+r^2+1)^{3/2}} \\
&= \frac{-r}{(r^2+1)^{3/2}} \int_0^\infty \frac{\mathrm{d}\xi}{(1+\frac{r^2\xi^2}{r^2+1})^{3/2}}
\end{aligned}
$$

ここで $y^2 := r^2\xi^2/(r^2+1)$ によって変数 y を定義すると

$$
\begin{aligned}
-\frac{\rho(r)}{\rho_0} &= \frac{-r}{(r^2+1)^{3/2}} \frac{\sqrt{r^2+1}}{r} \int_0^\infty \frac{\mathrm{d}y}{(y^2+1)^{3/2}} \\
\\
&= -\frac{1}{r^2+1} \int_0^\infty \frac{\mathrm{d}y}{(y^2+1)^{3/2}} \\
&= -\frac{1}{r^2+1} \frac{\Gamma(1)\Gamma(1/2)}{2\Gamma(3/2)} = -\frac{1}{r^2+1}
\end{aligned}
$$

これより $\rho(r) = \frac{\rho_0}{r^2+1}$ が得られ, やはり元の分布が確認できます.

この場合の両密度の比は

$$\frac{k(x)}{\rho(r)} = \pi \frac{r^2+1}{\sqrt{x^2+1}} = \pi \frac{\xi+z^2}{\sqrt{\xi}} \quad (\xi := x^2+1)$$

密度比は 1 以上ですから

$$\xi + z^2 \geq \frac{\sqrt{\xi}}{\pi}$$

ξ について整理すると

$$\pi^2 \xi^2 + (2\pi^2 z^2 - 1)\xi + \pi^2 z^4 \geq 0$$

左辺を ξ の 2 次方程式とみれば, その判別式 D は 0 以下でなければなりません. $D = (2\pi^2 z^2 - 1)^2 - 4\pi^4 z^4 = 1 - 4\pi^2 z^2$ ですから, 必要な条件は

$$4\pi^2 z^2 \geq 1$$

となりますが, z は星団までの距離ですから満たされます.

3 　解の公式の解析

前節の計算では 2 つの例題において, 二通りの解の公式は当然ながら同じ答を示しました.
このことは一般に成り立つことが示されます.
[証明] 解の公式はつぎのようなものでした.

$$\rho(r) = \frac{-1}{\pi r} \frac{\partial}{\partial r} \int_r^\infty \frac{xk(x)}{\sqrt{x^2-r^2}} \mathrm{d}x \tag{2}$$

$$\rho(r) = \frac{-1}{\pi} \frac{\partial}{\partial r} \int_r^\infty \frac{rk(x)}{x\sqrt{x^2-r^2}} \mathrm{d}x \tag{5}$$

まず (2) 式を変形します.

$$\rho(r) = \frac{-1}{\pi r} \frac{\partial}{\partial r} \int_r^\infty \frac{xk(x)}{\sqrt{x^2-r^2}} \mathrm{d}x := \frac{-1}{\pi r} \frac{\partial}{\partial r} I(r)$$

$x^2 - r^2 := t^2$ とおくと

$$I(r) = \int_0^\infty k(\sqrt{t^2+r^2}) \mathrm{d}t$$

$$\rho(r) = \frac{-1}{\pi r} \frac{\partial}{\partial r} \int_0^\infty k(\sqrt{t^2+r^2}) \mathrm{d}t$$

$$= \frac{-1}{\pi} \int_0^\infty \mathrm{d}t \frac{k'}{\sqrt{t^2+r^2}} \qquad \left(k' := \frac{\mathrm{d}k(x)}{\mathrm{d}x}\right)$$

$$= \frac{-1}{\pi} \int_0^\infty \mathrm{d}\xi \frac{k'}{\sqrt{\xi^2+1}} \qquad (t := \xi r) \tag{8}$$

つぎに式 (5) についても同様に変形します.

$$\rho(r) = \frac{-1}{\pi}\frac{\partial}{\partial r}\int_r^\infty \frac{rk(x)}{x\sqrt{x^2-r^2}}\mathrm{d}x := \frac{-1}{\pi}\frac{\partial}{\partial r}J(r)$$

$x^2 - r^2 := t^2$ とおくと

$$
\begin{aligned}
J(r) &= \int_0^\infty \frac{rk(\sqrt{t^2+r^2})\mathrm{d}t}{t^2+r^2} \\
\rho(r) &= \frac{-1}{\pi}\frac{\partial}{\partial r}\int_0^\infty \frac{rk(\sqrt{t^2+r^2})\mathrm{d}t}{t^2+r^2} \\
&= \frac{-1}{\pi}\frac{\partial}{\partial r}\int_0^\infty \frac{k(r\sqrt{\xi^2+1})\mathrm{d}\xi}{\xi^2+1} \qquad (t := \xi r) \\
&= \frac{-1}{\pi}\int_0^\infty \frac{k'\mathrm{d}\xi}{\sqrt{\xi^2+1}}
\end{aligned}
\tag{9}
$$

これは (8) と一致しています. [証明終]

4 おわりに

星の分布の問題では $\rho(r) > 0$ ですから, 式 (8) より $k' < 0$ となる領域 ($k(x)$ の減少領域) が必要です. 具体例で仮定した星の分布は, いずれもガウス分布に似た形状のもので, 全域で減少関数となっています. しかし, 単なる数学の問題としては任意の関数に適用できて, 物理量としては解釈し難い結果もあり得ると考えられます.

付録

文献 [2] から参照した計算式をまとめておきます. $(a, b, \beta, \nu > 0 : \beta\nu > 1)$
222 頁から

$$\int_0^\infty \frac{1}{ax^2+b}\mathrm{d}x = \frac{\pi}{2\sqrt{ab}} \tag{10}$$

$$\int_0^\infty \frac{1}{(ax^2+b)^n}\mathrm{d}x = \frac{(2n-3)!!}{(2n-2)!!}\frac{\pi}{2b^n}\sqrt{\frac{b}{a}} \tag{11}$$

223 頁から

$$\int_0^\infty \frac{1}{(x^\nu+1)^\beta}\mathrm{d}x = \Gamma(\beta-1/\nu)\Gamma(1/\nu)/\nu\Gamma(\beta) \tag{12}$$

232 頁から

$$\int_0^\infty \frac{\mathrm{e}^{-a^2x^2}}{x^2+b^2}\mathrm{d}x = \frac{\sqrt{\pi}}{b}\mathrm{e}^{a^2b^2}\mathrm{Erfc}(ab) = \frac{\sqrt{\pi}}{b}\mathrm{e}^{a^2b^2}\int_{ab}^\infty \mathrm{e}^{-t^2}\mathrm{d}t \tag{13}$$

参考文献

[1] 世戸 憲治 「積分方程式における興味ある問題 (1)」 数学・物理通信 10 巻 7 号 (2020 年 9 月)

[2] 森口・宇田川・一松 著　「岩波数学公式 I」　岩波書店 (1956 年)

第5章　集合の濃度

1　はじめに

　数学の研究分野は、幾何学、代数学そして解析学に大別されますが、この他に集合論を端緒とする数理論理学（数学基礎論）は、数学全般の基礎論理体系を構成していると思われます. 一方数学の全分野において、数の概念が基本にあると考えられます. 図形の長さ・面積の大小比較、代数系（抽象空間）に導入される計量、そして解析学での極限操作・近傍の概念など、いずれも数の大小の概念に裏打ちされて認識されているのではないでしょうか. 集合の研究においても、数の集合の解析から始まっています.

　そこで、数の概念を簡単におさらいした後、集合の濃度について考察してみたいと思います.

2　数の概念と集合

　数の概念は、実数の構成を以って一つの完成里程に至っています. 自然数は離散的な物ですが、有理数や平方根などの非有理数は、これを大小の順に並べると隙間無く連続的に数直線上に分布している様に認識されます. 連続的分布であれば、そこに刃物を当てれば必ず手ごたえがあるはずで、「有理数の切断による実数の定義」は、同様の発想から生まれたのではないかと思われます. 実数の定義には同値なものが4種ほどあり、それ迄の微積分学研究で前提とされていた「数の連続性」を具備する様に構成されており、大小関係・四則演算も自然に拡張された事で、解析学の基礎は固まりました,

　実数論は、カントールによっても考察されましたが、集合論の創始者として良く知られています. 集合の濃度の概念を導入し、可算濃度 ($\aleph_0$) は連続濃度 ($\aleph$) より小さい事を明らかにしました. そして、両者の中間濃度は存在しないと予想しています. （連続体仮説）

　しかし、この集合論（カントール流の素朴集合論）においては種々の背理が発見されます. カントール自身の指摘によるものやラッセルの背理などがあり、これらの背理への省察からツェルメロ及びフレンケルによって公理論的集合論（ZF 集合論）が体系化されました.[1]これによって、野放図に得体の知れない集合が混入しない様にして、矛盾の無い集合論を展開しようとした訳です. そして、連続体仮説もこの ZF 集合論により考察される事になります.

　ところで、集合の濃度は $\aleph_0$ と $\aleph$ のみではありません. 濃度 a を持つ集合 A の部分集合全体から成る集合（A の積集合と呼ばれ 2^A と表されます）の濃度 2^a は a より大きいですから[2]、積集合の階層的構成を繰り返せば真に増加する濃度の無限列 $\{a, a_1 = 2^a, a_2 = 2^{a_1}, \cdots\cdots\}$　が得られます. 因みに、$\aleph = 2^{\aleph_0}$ であり、$a = \aleph_0$ の場合は $\{\aleph_0, \aleph_1 = 2^{\aleph_0}, \aleph_2 = 2^{\aleph_1}, \cdots\cdots\}$ なる無限列が得られ、$\aleph_i$ と $\aleph_{i+1}$ との間には中間濃度は存在しないと言う予想は、一般連続体仮説と呼ばれています..

　この問題に対して、まずゲーデルが「ZF 集合論においては一般連続体仮説の否定命題を証明出来ない」事を示しました. (1938 年)　次いで、1963 年にコーエンが「一般連続体仮説を証明出来

---

[1]文献 5 第 3 章
[2]文献 [1]p72

ない」事を示します.[3]これにより、一般連続体仮説と言う命題とその否定命題が共に証明不可能であり、「ZF 集合論においては決定不可能命題である」と結論されました.

では具体的な「数の集合」の場合はどうなのでしょうか？

3 数の集合の濃度

N を自然数の集合 $\{1, 2, \cdots\cdots\}$、Q を有理数の集合、R を実数の集合とし、$(R - Q) \equiv X$ を無理数の集合と呼びます. そして、集合 A の濃度を $p(A)$ で表せば、

$$\aleph_0 \equiv p(N) = p(Q) < p(R) \equiv \aleph$$
$$R = Q \cup X \qquad (Q \cap X = \emptyset)$$

まず次の二つの命題を証明して置きます.

[**命題1**] $p(X) > \aleph_0$

[証明] もし $p(X) \leqq \aleph_0$ ならば、X の元は可付番ですから $X = \{x_i | x_i < x_{i+1}\}$ と書けます. そこで、$Q = \{q_i | q_i < q_{i+1}\}$ として、$Q \cup X = \{q_i, x_i\}$ の様に並べ替えて、次の様な写像を導入します.

$$\phi(q_i) = q_{2i-1}$$
$$\phi(x_i) = q_{2i}$$

この対応付けにより、$p(Q \cup X) = p(Q)$ である事が分かりますから、$p(R) = \aleph_0$ となり不合理です. よって、$p(X) > \aleph_0$ [証明終]

[**命題2**] **個数 n の有理数集合 Q_n と無理数の無限集合 Y との和集合の濃度は、Y の濃度に等しい**

[証明]

$$Q_n = \{q_i | q_i < q_{i+1}\}$$
$$Y = \{y_a, y_b, \cdots\cdots | y_a < y_b < \cdots\cdots\}$$

として、Y の中から任意に n 個の元を選出して次の様に並べ替えます.

$$Y = \{y_1, y_2, \ldots y_n, \eta_a, \eta_b \cdots | y_i < y_{i+1}, y_i \neq \eta_\xi, \eta_a < \eta_b < \ldots\}$$

そして写像 f を下記の様に定義します.

$$f(q_i) = y_i$$
$$f(y_\xi) = \eta_\xi$$

この対応付けにより $p(Q_n \cup Y) = p(Y)$ である事が分かります. [証明終]

そこで、Q の部分集合を Q'、X の部分集合を X' として、それらの和集合を Ξ とします.

---
[3]文献 [1]p279,p284

$$\Xi = Q' \cup X' \qquad (Q' \cap X' = \emptyset \quad)$$

集合 Ξ の濃度は以下の様に計算されます.

（A）無理数の部分集合 X' が有限集合の場合

$\quad X' = \{x'_1, x'_2, \cdots\cdots, x'_n | x'_i < x'_{i+1}\}$ と表せます.

（A-1）有理数の部分集合 Q' が有限集合のとき、Ξ は有限集合ですから $p(\Xi) < \aleph_0$ です.

（A-2）Q' が無限集合のとき

$$Q = \{q_1, q_2, \cdots\cdots | q_i < q_{i+1}\} \qquad Q' = \{q'_1, q'_2, \cdots\cdots | q'_i < q'_{i+1}\}$$

と表せば、次の写像 ϕ により $p(Q' \cup X') = p(Q)$ である事が分かります.

$$\begin{aligned}
\phi(x'_i) &= q_i \\
\phi(q'_i) &= q_{i+n}
\end{aligned}$$

つまり
$$p(\Xi) = p(Q) = \aleph_0$$

（B）無理数の部分集合 X' が無限集合の場合

$\quad X' = \{x'_a, x'_b, \cdots\cdots | x'_a < x'_b < \cdots\cdots\} \qquad X = \{x_a, x_b, \cdots\cdots | x_a < x_b < \cdots\cdots\}$ と表せば

$\quad$ 写像 $\psi(x'_\xi) = x_\xi$ により $\quad p(X') = p(X)$ である事 が分かります.

（B-1）Q' が無限集合のとき

$\quad$ 写像 $\varphi(q'_i) = q_i$ により $p(Q') = p(Q)$ である事が分かりますから、

$$p(\Xi) = p(Q' \cup X') = p(Q \cup X) = p(R) = \aleph$$

（B-2）Q' が n 個の元から成る有限集合 $\{q'_i | q'_i < q'_{i+1}\}$ のとき、上記命題1、2により

$$p(Q' \cup X') = p(X') = p(X) > \aleph_0$$

となります. そして、$X \subset R$ ですから $p(X) < \aleph$ は明らかです. 従って、

$$\aleph_0 < p(\Xi) < \aleph$$

となり、$p(\Xi)$ は中間濃度です.

4　おわりに

中間濃度の存在例を示すのであれば、$p(X)$ の計算だけで十分でした. 前節の濃度計算では、数の大小の順序関係が 1 対 1 の対応付けの決め手になっています. 一般の集合では、この種の順序関係は不明ですから、連続体仮説の検証は容易では無い事が推し測られます.

参考文献

[1] 吉永良正　著　「ゲーデル・不完全性定理」　講談社 2000

[2] 吉田洋一・赤摂也　共著　「数学序説」　培風館 1970

現代の抽象数学への歩みを噛み砕いて説明しています. 8章で実数論と集合論、9章で数学基礎論を紹介しています.

[3] 高木貞治　著　「解析概論」　岩波書店 1948

付録（一）で「有理数の切断による実数の定義」が述べられています. そして、第一章で四種の実数の定義の同値性が示されています.

[4] 高木貞治　著　「数の概念」　岩波書店 1989

付録にカントールの実数論が紹介されています

[5] 竹内　外史　著　「集合とは何か」　講談社 2001

積集合、ZF 集合論という用語はこの書物に依っています.

第6章　測量と誤差

1　はじめに

　古代エジプトにおけるナイル川の洪水後に耕地の境界復元確定のために編み出された測定技法が，測量術の起源と言われています．これはいわば地表面上の図形を確定する作業であり，幾何学の起源にも連なるわけです．

　測量作業の基本となるのは，点の位置を決定することです．そして点を結べば線が生まれ，線で囲まれた部分が所有地（農地・宅地・領地など）として確定され，この作業を広範囲に実施して地形図も作成されます．

　ところで，点の位置の決定には測距・測角・測高作業を要しますが，いずれも誤差を伴います．測量技法は測定に伴う誤差を極力小さくし，その誤差を観測データに合理的に配布して，いかにして精度の良い成果を得るかを追及するものです．

　以下において，測定に伴う誤差論を中心に測量論の一端を考察します．

2　観測値の確からしさ

　ある量の観測値を M，その真の値（真値）を M_0 とするとき，両者は一般には一致せず

$$M_0 - M := e \tag{1}$$

だけの差異 (difference) が生じます．この差異 e として次のようなものが考えられます．
  (1) 過誤（mistake）
       数値が極端に過大（小）であることなどから判明する差異．
       野帳への記載ミス・簡単な計算ミスなど
  (2) 系統的差異（systematic difference）
       測定機器に固有なものや気象条件によるものなどで，あらかじめ予測できる差異．
       (2a) 光波測距儀の距離に比例する器械定数や気象補正定数，
       (2b) 鋼巻尺の温度・張力・たるみに起因する特性値，
       (2c) 鉛直角を使った高低計算における気差や球差など[1]
  (3) 偶然誤差（accidental error）
       原因不明で予測できない差異
以後の議論では偶然誤差のみを考察します．

　一般に測量作業での観測は同一条件下で複数回行われるものです．たとえば，二回の観測で測定値 $\{M_1, M_2\}$ が得られたとすれば，これらの値に優劣は無く同程度の確からしさで真値 M_0 の近似値 (M_a) として，M_0 の近傍 $(M_0 - \epsilon, M_0 + \epsilon)$ に含まれます．そこで，M_0 と観測値 $\{M_i\}$ とを関連づける関数を $f(M_1, M2)$ とすると，二回の観測の測定値が $\{M_2, M_1\}$ であることも同様に確から

---

[1]気差は大気中の光の屈折に起因し，球差は地表面の湾曲に由来します

しいですから, $M_0 = f(M_2, M_1)$ と表現することもできます. つまり $f(M_1, M_2)$ は対称関数と考えるべきです.

一方, 各観測値 M_i の誤差を e_i $(|e_i| \le \epsilon)$ とすれば $M_0 = M_i + e_i$ ですから, $M_0 = (M_1 + M_2)/2 + (e_1 + e_2)/2$ と表され, $|e_1 + e_2|/2 \le \max\{|e_1|, |e_2|\} \le \epsilon$ と評価されます. つまり, 相加平均値 $M_m := (M_1 + M_2)/2$ も上記の近傍に含まれますから, 同等の確からしさをもつ近似値の一つということになります. ちなみに, M_m は M_1, M_2 の対称関数です. そして, ここまでの議論は, n 回観測の場合に一般化できて相加平均値は次式で表されます. $(n \ge 2)$

$$M_m := \frac{1}{n} \sum_{i=1}^{n} M_i \tag{2}$$

ところで, 相加平均値 M_m の確からしさ (真値への近似性) が他の観測値と同程度では, 観測を繰り返す意味はありません. [2]

そこで, 近似値 M_a の確からしさをより詳しく知るために各観測値 M_i との差として, 残差 v_i を定義します. [3]

$$M_a - M_i := v_i \tag{3}$$

M_a として, 観測値の中の最頻値や中央値を採れば, 残差により観測値のばらつきを概観できます. しかし, $M_a = M_m$ の場合は次の命題1, 命題2に示す特性が明らかになります.

[命題1] 相加平均値の残差の和は零である

$$\sum_{i=1}^{n} v_i = 0 \tag{4}$$

命題1は, 定義式 (2) よりほぼ自明です. $(\sum_{i=1}^{n} v_i = nM_m - \sum_{i=1}^{n} M_i = 0)$

(4) 式は, 相加平均値 M_m より大なる観測値と小なる観測値の分布に, 大きな偏りが無いことを反映しているとみられます. この傾向は3節で考察する誤差発生確率の経験法則と合致します. ちなみに対称関数として $f(M_1^2 + M_2^2)$ や $g(M_1 \times M_2)$ のようなものを仮定した場合は, (4) 式は成り立ちません.

[命題2] 相加平均値の残差の二乗和は, 近似値の残差の二乗和の中で最小である

[証明] 相加平均値 M_m とは異なる近似値 y を仮定し, 対応する残差を $\{u_i\}$ とすれば, 観測値を $\{M_i\}$ として

$$y - M_i = u_i \quad (i = 1, 2 \dots, n) \tag{5}$$
$$M_m - M_i = v_i \tag{6}$$

(5) より

$$\sum_{i=1}^{n} u_i^2 = \sum_{i=1}^{n} M_i^2 - 2y \sum_{i=1}^{n} M_i + ny^2 \tag{7}$$

---

[2] M_m の確からしさは4節の式 (16) で明らかになります
[3] 残差 (residual) は近似値を求めるための, 観測値への補正値 (correction) とも解釈できます

(6) より $M_i^2 = (M_m - v_i)^2$ ですから, (4) を考慮して

$$
\begin{aligned}
\sum_{i=1}^{n} M_i^2 &= \sum_{i=1}^{n} v_i^2 + nM_m^2 \\
&= \sum_{i=1}^{n} v_i^2 + \frac{1}{n}\left(\sum_{i=1}^{n} M_i\right)^2
\end{aligned}
\tag{8}
$$

(7), (8) から $\sum_{i=1}^{n} M_i^2$ を消去すれば,

$$
\begin{aligned}
\sum_{i=1}^{n} u_i^2 &= \sum_{i=1}^{n} v_i^2 + \frac{1}{n}\left(\sum_{i=1}^{n} M_i\right)^2 - 2y\sum_{i=1}^{n} M_i + ny^2 \\
&= \sum_{i=1}^{n} v_i^2 + \frac{1}{n}\left(\sum_{i=1}^{n} M_i - ny\right)^2 \geq \sum_{i=1}^{n} v_i^2
\end{aligned}
$$

つまり相加平均値に対応する残差の二乗和は最小です. [**証明終**]

3　誤差の発生確率関数

観測に伴う偶然誤差については, 次のような経験法則が知られています.

観測データのばらつきから真値に近いものを推定して, この推定値 (最頻値や平均値など) との残差を誤差とみなして整理してみると

(1) 絶対値の等しい正誤差と負誤差とは, ほぼ均等に発生する.

(2) 誤差の絶対値には上限がある.

(3) 各誤差の発生頻度は一様ではなく, 絶対値が増大するにつれて頻度は減少する.

これより誤差 Δ の発生頻度 (確率) は誤差の関数と考えられますから, これを $\phi(\Delta)$ とすれば上記の経験法則により

$$
\phi(-\Delta) \approx \phi(+\Delta)
$$

$$
\lim_{\Delta \to \infty} \phi(\pm\Delta) = 0
$$

次に未知量 x を同一条件下で独立に n 回観測した場合に, i 回目の観測値を M_i とし 対応する誤差を e_i とすれば

$$
M_i = x - e_i
\tag{9}
$$

そして誤差 e_i の発生確率は $\phi(e_i)$ ですから, n 回観測という複合事象で誤差の集合 $\{e_i\}$ が発生する確率 $p(x)$ は

$$
p(x) = \prod_{i=1}^{n} \phi(e_i)
\tag{10}
$$

この複合事象の確率 $p(x)$ を最大にするような未知量 x は, 真値に最も近い近似値と考えられますから「最確値」と名づけます.

$p(x)$ が最大であることと $\log p(x)$ が最大であることとは同値ですから, 最確値となる必要条件は $\partial \log p(x)/\partial x = 0$ となります. (10) を使って変形すると

$$\sum_{i=1}^{n} \frac{\partial \log \phi(e_i)}{\partial e_i} \frac{\partial e_i}{\partial x} = 0$$

(9) より $\partial e_i/\partial x = 1$ ですから

$$\sum_{i=1}^{n} \frac{\partial \log \phi(e_i)}{\partial e_i} = 0 \tag{11}$$

ここで $\{v_i\}$ を相加平均値に対応する残差として, (11) の左辺の各項に $v_i/v_i = 1$ を掛けると

$$\sum_{i=1}^{n} \frac{\partial \log \phi(e_i)}{v_i \partial e_i} v_i = 0 \tag{12}$$

一方 (4) に示すように残差の和は 0 ですから, (4) と (12) を独立変数 $\{v_i\}$ の連立方程式とみれば (12) の左辺の各項の係数 $\frac{\partial \log \phi(e_i)}{v_i \partial e_i}$ はすべて等しくなければなりません. これを示すため (12) を $\sum_{i=1}^{n} b_i v_i = 0$ と表せば

$$\sum_{i=1}^{n} v_i = 0 \ , \qquad \sum_{i=1}^{n} b_i v_i = 0$$

両式から v_n を消去すると

$$\sum_{i=1}^{n-1} b_i v_i = b_n \sum_{i=1}^{n-1} v_i$$

特に v_i 以外の値が 0 の場合を考えれば $b_i = b_n$ となり, 結局すべての b_i は等しくなければなりません.

この共通の値を k とすれば

$$\frac{\partial \log \phi(e_i)}{\partial e_i} = v_i k$$

ここで残差を誤差で近似して

$$\frac{\partial \log \phi(e_i)}{\partial e_i} = e_i k \tag{13}$$

両辺を積分すれば

$$\log \phi(e_i) = \frac{k e_i^2}{2} + \log C$$

ここで誤差を一般に Δ と表せば

$$\phi(\Delta) = C \exp\left(\frac{k \Delta^2}{2}\right)$$

本節の冒頭で述べた誤差に関する第二の経験法則より, 任意の C について $\lim_{\Delta \to \pm\infty} \phi(\Delta) = 0$ となるべきですから $k < 0$ でなければなりません. そこで $-a^2 := k/2$ とおけば

$$\phi(\Delta) = C \exp\left(-a^2 \Delta^2\right) \tag{14}$$

また積分定数 C は全確率が 1 であること ($\int_{-\infty}^{\infty} \phi(\Delta) \mathrm{d}\Delta = 1$) から $C = a/\sqrt{\pi}$ と決定されます. そして, 付録 [1] に示すように a は観測精度の指標を表します.

4 最小自乗法

第2節で相加平均値に対応する残差の二乗和が最小となることを知りました.

そして、前節では最確値を「誤差の二乗和が最小になる値」と定義しました. 最確値も近似値の一つですが, 誤差は不可知ですから最確値も真値と同様に知ることはできません.

ところが「誤差の二乗和」と「相加平均値の残差の二乗和」とには

$$[ee] = \frac{n}{n-1}[vv] \tag{15}$$

の関係があります. (ただし, $[xx] := \sum_{i=1}^{n} x_i^2, [y] := \sum_{i=1}^{n} y_i$ と表現しています.)

式 (15) より n が十分大きければ $[vv] \approx [ee]$ となり, $[ee]$ が最小である（最確値である）ことと $[vv]$ が最小である（相加平均値である）こととはほぼ同値とみなせますから, 次の命題3が成り立ちます.

[命題3] **相加平均値は最確値の最も良い近似値である**

2節では相加平均値は 真値の近似値の一つと推定されただけでしたが, この命題3により相加平均値を用いて残差を算出して補正すれば, 最高精度の結果が得られことになります. この誤差処理法を最小自乗法と呼びます. なお, 式 (15) は次のように証明されます.

[証明] 観測値を M_i, 真値を M_0, 相加平均値を M_m とし, 誤差を e_i 残差を v_i と表せば

$$v_i = M_m - M_i \quad , \quad e_i = M_0 - M_i$$

両式から M_i を消去すると

$$e_i = v_i + (M_0 - M_m)$$

となりますから, $[v] = 0$ に注意して両辺の和をとると

$$[e] = n(M_0 - M_m)$$

この2つの関係式から $(M_0 - M_m)$ を消去して

$$nv_i = ne_i - [e]$$

両辺の二乗和をとると

$$n[vv] = n[ee] + [e]^2 - 2[e][e] = n[ee] - [e]^2$$

$[e]^2 = [ee] + 2\sum_{i \neq j} e_i e_j$ と表されますが, 右辺第2項は n が十分大きければ誤差の正負分布対称性により 0 とみなせますから $n[vv] = (n-1)[ee]$ となり

$$[ee] = \frac{n}{n-1}[vv]$$

が得られます. [証明終]

最後に, $\epsilon^2 := [ee]/n$ で定義される ϵ は, 各回の観測値 M_i の「平均二乗誤差」とよばれ, 観測の精度管理に用いられます. $[vv]$ を使えば

$$\epsilon = \sqrt{\frac{[vv]}{n-1}}$$

この ϵ に対して, 相加平均値 M_m の平均二乗誤差を ϵ_m とすると $M_m = \sum_{i=1}^{n} M_i/n$ ですから, 各回の観測条件は同一として, 付録 [2] の誤差伝搬の定理により

$$\epsilon_m^2 = \sum_{i=1}^{n} \frac{\epsilon^2}{n^2} = \frac{\epsilon^2}{n}$$

$$\therefore \quad \epsilon_m = \frac{\epsilon}{\sqrt{n}} = \sqrt{\frac{[vv]}{n(n-1)}} \tag{16}$$

$\epsilon_m = \epsilon/\sqrt{n} < \epsilon$ ですから, 相加平均値は各観測値よりも真値 (または最確値) により近い (つまりより確からしい) 近似値ということになります.

5　間接観測の誤差

前節までは直接観測した量の誤差に関して議論を進めましたが, 本節では間接観測について考察します.

間接観測の例としては, 距離と角度の観測値から測点の座標を求める場合などがあります.

一般に, 直接観測できない k 個の量 $\{x_j\}$ の関数

$$f_i(x_1, x_2, \ldots, x_k) = l_i \qquad (1 \le i \le n) \tag{17}$$

で表される量 l_i を観測する場合において, l_i の観測値を l_i^b, 最確値を l_i^m, 観測値への補正値 (残差) を v_i とすれば $l_i^b + v_i = l_i^m$ となり, これらの観測値毎の関係を n 次列ベクトルにまとめて表すと

$$L_b + V = L_m \tag{18}$$

観測値 L_b を (17) に代入して得られる $X := (x_1, x_2, \ldots, x_k)^t := (x_j)^t$ の近似値を $X_a := (x_j^a)^t$ とし, X の最確値を X_m とします. (右肩の添字 t は転置行列の意味です) このとき X_a に対する補正値を X で表すと

$$X_a + X = X_m \tag{19}$$
$$F(X_m) = L_m \tag{20}$$

(20) は最確値 X_m, L_m を (17) に代入してベクトル表示したものです.

(18), (20) より

$$L_b + V = F(X_m) = F(X_a + X)$$

補正値 X は微小量ですから, その一次の項まで近似して

$$\begin{aligned}
L_b + V = F(X_a + X) &= F(X_a) + AX \qquad (A = (a_{ij}) := (\partial l_i^a / \partial x_j^a)) \\
&= AX + L_a \qquad\quad (L_a := F(X_a)) \\
\therefore \quad V &= AX + L_a - L_b := AX + L \tag{21}
\end{aligned}$$

(21) が間接観測の場合の補正値です. この補正値に最小自乗法を適用します.

$$\sum_{i=1}^{n} v_i^2 = V^t V$$
$$= (AX + L)^t (AX + L)$$
$$= X^t A^t AX + X^t A^t L + L^t AX + L^t L$$
$$= X^t A^t AX + 2X^t A^t L + L^t L$$

ここで $N := A^t A$, $\quad U := A^t L$ により行列 N, U を導入すれば

$$V^t V = X^t NX + 2X^t U + L^t L \tag{22}$$

$V^t V$ が最小なるべきことから X で微分した係数を 0 とおきます

$$0 = \frac{\partial V^t V}{\partial X} = \frac{\partial X^t NX}{\partial X} + 2\frac{\partial X^t U}{\partial X}$$
$$= 2NX + 2U$$

したがって, 補正値を決める方程式は

$$NX + U = 0 \tag{23}$$

この連立一次方程式は, k 次正方行列 N が正則行列 ($|N| \neq 0$) であれば直ちに解くことができます ($X = -N^{-1}U$). N が非正則行列の場合は一般逆行列を使って解くことになります.

　方程式 (23) の導出では, 最小自乗法が適用されていますから $V = AX + L$ のノルム ($V^t V$) が最小なるべき条件が課されています. つまり, A の一般逆行列 A^- は最小誤差型でなければなりません. しかし, これだけでは A^- は確定しませんから, さらに X のノルムが最小なるべき条件 (A^- が最小ノルム型であるという条件) を課します. そしてこれらに加えて, A^- が反射型である (つまり $(A^-)^- = A$ である) こと[4] を要請します. これらの 3 条件を満たすものは, 「ムーア・ペンローズ型一般逆行列」と呼ばれ実数行列としては一意的に決まることが知られています. この一般逆行列 A^- を使えば, $X = -A^- (A^t)^- U$ と表されます.[5]

6　おわりに

(1) 誤差論の要約
誤差論の基本事項は以下の 5 項目に要約されます.
[1] 観測誤差 e の発生確率関数 $\phi(e)$ は, 確率に関する経験法則から導出される. ($\phi(e) \propto \exp(-ke^2)$)
[2] n 回観測という複合事象の誤差発生確率 Φ は, 各回の誤差を e_i とすれば $\Phi \propto \exp(-k[ee])$
[3] $[ee]$ を最小にする近似値を最確値と定義する. (最小自乗法の考え方)
[4] n 回観測で, 各回の観測残差を v_i とすれば, $[ee] = [vv]n/(n-1)$.
[5] 相加平均値 M_m の $[vv]$ は最小ですから, $[ee]$ も最小値に近似し, M_m は最確値に最も近似する.

---

[4] 「$AA^-A = A$」が一般逆行列の定義式で, 「$(A^-)^- = A$」は「$A^-AA^- = A^-$」を意味します
[5] 一般逆行列については文献 [2] や文献 [3] の解説がわかり易いかと思われます.

誤差論およびそこで用いられている数理技法は，ほかの多くの分野でも応用されています．ここでは，一般逆行列と統計学の用語について簡単にふれておきます．

(2) 一般逆行列

5 節の最後でふれた一般逆行列による問題の解法は，経済・社会の各分野でも利用されています．そこでは，最確値に相当する最適解を追及します．たとえば，さまざまな関連要素のモデル分析から線形連立方程式が得られたとき，表現行列が長方形であったり非正則行列であったりします．このとき，解は不定（条件不足）であったり不能（条件過多）であったりしますが，ある極値条件 (利益最大化など) を一般逆行列という形で導入して最適解を求めているわけです．

(3) 統計学の用語との比較

誤差や最確値という概念は誤差論特有のものと思われます．統計調査での取得データはマクロな現状をそのまま把握したものであり，(相加) 平均値との差は「偏差」と呼ばれます．そして「偏差の二乗の平均値」を分散と名付け，「分散の平方根」を標準偏差とします．誤差論の残差は観測回数が大きいほど誤差に近似します．これと同じように 統計調査においては，標本集団が大きいほど母集団の実態に迫ることができます．

両論の用語の対応表は以下のようになります．

誤差論	統計調査論
観測値 M	調査値 M
最確値 M_p	$-----$
平均値 M_m	平均値 M_m
真値 M_0	調査値 M
誤差 $e = M_0 - M$	$-----$
残差 (補正値)$v = M_m - M$	偏差 $D = M - M_m$
$\epsilon^2 = <e^2> = n <v^2> /(n-1)$	分散 $V = <D^2>$
平均二乗誤差 ϵ	標準偏差 $\sigma = \sqrt{V}$

(注)$<x>$ は $\{x_i\}$ の平均値

最後に測量成果について記しておきたいと思います

明治への改元以降の近代測地測量では，基準となる測点の公共座標を決めるため，苦労して測定設置した基線と基線とを結ぶ三角鎖を構成する各三角形の内角を観測する三角測量が用いられました．そしてほぼ 100 年後の 20 世紀半ば過ぎには光波測距儀が普及して測距が容易になり，公共測量でも多角測量が主流となります．私が測量実務初心者のころ，見慣れない測距手簿に疑問をもったとき，大先輩から鋼巻尺主体だった頃の測距作業の困難さを聞かされたものです．

これらの測量成果を利用する上では，成果には誤差が内在していることに留意すべきであると思います．一等三角点間の平均距離は約 45km ですから，経緯儀の測角性能を 0.2″ とすれば水平位置の誤差は単純計算では 43cm 程度となります．実際には，複数回観測して平均値を採用しその精度を吟味するわけですが，4 節でふれているように n 回観測すれば相加平均値の平均二乗誤差は $1/\sqrt{n}$ となりますから，所要誤差に収まるように観測の「対回数」を決め，[6]さらに補助の観測点

---

[6]測角器望遠鏡の正位と反位の水平角観測を一対回観測と呼びます．一等三角測量では 12 対回と規定されたようです (文献 [4]p.148)

(一等三角補点) を設けて精度の向上に努めたと推察されます.[7] いずれにしても, 一等三角点のもつ誤差は四等三角点成果にまで伝搬しているわけです.(付録 [2] 具体例 3 参照)

測量区域の規模・目的に応じて既存測量成果を参照すべきでしょう.[8]

付録　観測の精度

[1] 誤差確率関数と平均二乗誤差との関係

4 節で定義した平均二乗誤差 ϵ は次のようなものでした.

$$\epsilon^2 := \frac{[ee]}{n} = \frac{[vv]}{n-1} \tag{24}$$

この ϵ と 3 節で導いた誤差確率関数 $\phi(e)$ のパラメータ a との関係を以下に示します.

ある誤差 e と $e+de$ の間の誤差が生起する確率 $p(e)$ は, 3 節の誤差確率関数 $\phi(e)$ を使って $\phi(e)de$ となります. そこで, この誤差区間 de に含まれる誤差の個数を $n(e)$ とすれば, 誤差の総数が n ですから $p(e)$ は $n(e)/n$ で近似できます.

$$\phi(e)de \approx \frac{n(e)}{n}$$
$$\therefore \quad n(e) \approx n\phi(e)de$$

誤差区間 $d(e)$ 内には $n(e)$ 個の誤差 e がありますから, それらの二乗和は $n(e) \times e^2 \approx e^2 n\phi(e)de$ となります. よって誤差区間 $(-b, b)$ に含まれる誤差の二乗和は

$$n \int_{-b}^{b} e^2 \phi(e)de$$

したがって, 冒頭で定義した ϵ^2 は

$$\epsilon^2 = \int_{-b}^{b} e^2 \phi(e)de \approx \int_{-\infty}^{\infty} e^2 \phi(e)de$$
$$= \frac{a}{\sqrt{\pi}} \int_{-\infty}^{\infty} e^2 \exp(-a^2 e^2)de$$
$$= \frac{a}{\sqrt{\pi}} \times \frac{\sqrt{\pi}}{2a^3} = \frac{1}{2a^2}$$
$$\therefore \quad \frac{1}{\epsilon} = \sqrt{2}a$$

$1/\epsilon$ は精度の目安でしたから, これを a で見定めることができます.

そして誤差分布関数は次のように表されます.

$$\phi(\Delta) = \frac{1}{\sqrt{2\pi}\epsilon} \exp\left(-\Delta^2/2\epsilon^2\right)$$

---

[7] 当時は誤差 10cm 以内と規定したようです (「フリーネットワーク解法による都市基準点測量」' 測量 ' 1982 年 1 月号)

[8] 三角点成果は, 1980 年代の「一次網・二次網基準点測量」により改正されました. 時を同じくして GPS 測量機器が普及し始めており, 国の電子基準点の整備が進みます. そして 2008 年には公共測量にも GPS 測量の規定が盛り込まれました.(' 測量 ' 2008 年 6 月号)

[2] 平均二乗誤差の伝搬定理

いくつかの観測量 $\{M_i\}$ の関数 $f(M_1, M_2, \ldots, M_k) := f(\boldsymbol{M})$ で表される量を M として, その平均二乗誤差を E とします. そして M_i の平均二乗誤差を ϵ_i とし, m_i を相加平均値とすると, つぎの関係が成り立ちます.

$$E^2 = \sum_{j=1}^{k} \left(\frac{\partial f(\boldsymbol{m})}{\partial m_j} \right)^2 \epsilon_j^2 \tag{25}$$

[証明]

観測量 M_i の l 回目の観測値を $m_i(l)$, 誤差を $e_i(l)$, 真値を $m_i(0)$ とすれば, 量 M の l 回目の計算値は

$$M(l) = f(\boldsymbol{m}(l)) \quad = \quad f(\boldsymbol{m}(0) - \boldsymbol{e}(l))$$

$e_i(l)$ は微小ですからその一次の項まで展開して

$$M(l) \quad = \quad f(\boldsymbol{m}(0)) - \sum_{i=1}^{k} a_i e_i(l) \qquad ただし \quad a_i := \frac{\partial f(\boldsymbol{m(0)})}{\partial m_i(0)}$$

$f(\boldsymbol{m}(0)) - M(l) := E(l)$ は l 回目の計算値の誤差ですから

$$E(l)^2 = \left(\sum_{i=1}^{k} a_l e_i(l) \right)^2 \quad = \quad \sum_{i=1}^{k} a_i^2 e_i(l)^2 + \sum_{i \neq j} a_i a_j e_i(l) e_j(l)$$

最右辺の第 2 項は誤差の正負対称性により 0 とみなせますから

$$n \times E^2 = \sum_{l=1}^{n} E(l)^2 \quad = \quad \sum_{l=1}^{n} \sum_{i=1}^{k} a_i^2 e_i(l)^2$$
$$= \quad \sum_{i=1}^{k} \sum_{l=1}^{n} a_i^2 e_i(l)^2$$
$$= \quad n \sum_{i=1}^{k} a_i^2 \epsilon_i^2$$

$a_i = \partial f(\boldsymbol{m}(0))/\partial m_i(0) \approx \partial f(\boldsymbol{m})/\partial m_i$ ですから,

$$E^2 = \sum_{j=1}^{k} \left(\frac{\partial f(\boldsymbol{m})}{\partial m_j} \right)^2 \epsilon_j^2$$

[証明終]

具体例 1： $M = a_1 M_1 + a_2 M_2$
　　　　　$\partial M / \partial M_i = a_i$ ですから, $E^2 = a_1^2 \epsilon_1^2 + a_2^2 \epsilon_2^2$
具体例 2： $M = M_1 \times M_2$ 　　(M_i の相加平均値を m_i とします)
　　　　　$\partial M / \partial M_1 = M_2, \partial M / \partial M_2 = M_1$ ですから, $E^2 = m_2^2 \epsilon_1^2 + m_1^2 \epsilon_2^2$

具体例 3：

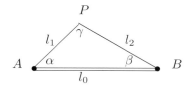

既知点 A, B を使って新点 P の位置を決めるため内角 α, β, γ を観測します．AB 間の距離 l_0 は既知で，求める距離 l_1 は
$$l_1 = l_0 \sin\beta / \sin\gamma$$
l_1 の平均二乗誤差を ϵ_1，測角の誤差を ϵ とすれば
$$\begin{aligned}\epsilon_1^2 &= (\partial l_1/\partial\beta)^2\epsilon^2 + (\partial l_1/\partial\gamma)^2\epsilon^2 \\ &= (l_0\epsilon)^2((\cos\beta/\sin\gamma)^2 + \\ &\quad (\sin\beta\cos\gamma/\sin^2\gamma)^2) := (l_0\epsilon)^2 r^2\end{aligned}$$

$\alpha = \beta = 30$ 度のときは $\epsilon_1 = (l_0\epsilon) \times \sqrt{10}/3$ ですから，位置誤差 $l_0\epsilon \approx 10cm$ の場合は $\epsilon_1 \approx 10.54$ cm となります．

$\alpha = \beta = 45$ 度とすれば $\epsilon_1 = 10 \times \sqrt{2}/2$ ですから，$\epsilon_1 \approx 7.07cm$ となります．ちなみに P が下位の三角点ならば $l_1 \approx l_0/2$ ですから，$\alpha, \beta < 45$ 度と制限されます．そこで，同様の三角網を組んで四等三角点まで測設できたとして，$r = (\sqrt{10}/3 + \sqrt{2}/2)/2 \approx 0.88$ と仮定するとその誤差は $\epsilon_1 = (l_0\epsilon)r^3 \approx 10 \times (0.88)^3 = 6.19cm$

内角が不均等で視準距離に差があると観測精度がばらつき，補正値が大きくなって成果の精度も低下します．

参考文献

[1] 山田 陽清 著「最小自乗法」 三晃社 (1946 年) 1 章〜2 章

[2] 坪川ほか 著「現代測量学 1 –測量の数学的基礎–」 日本測量協会 (1981 年) 6 章〜7 章

[3] 伊理 正夫 著「岩波講座 応用数学 11–線形代数 II–」 岩波書店 (1994) 6 章

[4] 吉沢 孝和 著「測量実務必携」 オーム社 (1976) 三角測量については 148 頁および 178 頁参照

第7章 空間次元と科学法則

1 はじめに

古典力学や古典電磁気学の作用は、"距離に関する逆二乗法則"に従います．
そして、この事は空間次元が3次元である事と不可分の関係にあります．
この他にも、数理操作（演算・変換・写像など）や科学の法則の中には、空間次元との関連(次元の制約)を読み取れるものがあります．
第13章で考察している素粒子のスピンについては、その素粒子の位置を交換した時の状態関数の変化と対応している事が経験的に知られています．
この対応関係は、3次元（以上）の空間で初めて明確になり、2種のスピンと状態関数の符号とが．1対1に対応します．
これと類似の現象が, 図形の鏡映変換にもみられます．
ここでは図形の変換と空間次元の関連について, 気ままに考察してみたいと思います．

2 座標系と図形の鏡映変換

2次元座標系の取り方については、縦軸・横軸それぞれの2つの向きの組合わせで、4種の場合があり、1つの組合わせの縦軸と横軸に、xとyのいずれを名付けるかで、2つの場合がありますから、総じて8種類の取り方があります．
これ等の座標系の中で、平面内の回転のみで一致させ得るものを同一視する事にすると、図6と図7のみが同一視出来ない事が分かります．
(図7と図8は同一視出来ます)．図6(図7)に類別される系は、右手(左手)系と呼ばれます．

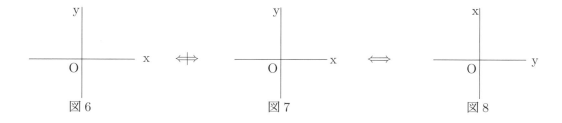

図6   図7   図8

2次元の仮想世界では、両系を結ぶ変換操作は見当たりません．
しかし、第3次元の空間があれば、図6のy軸を回転軸とした180度回転により、図7の系が得られます．
図6は図7を、y軸に平行に立てた鏡に映したものです．
そして、図8の第1象限の等分線で鏡映変換すると、図6が得られます．
この事は図形についても同様で、例えば三角形ABCを三角形ACBに変換するには、3次元空間での鏡映変換が必要です．

以上の事から、2次元図形の鏡映変換後の図形を描示する事は、2次元空間内で可能ですが、鏡映変換操作そのものは、3次元以上の空間で初めて可能となります.

そして、より高次元空間での鏡映変換についても、同様です.

3 次元とは

前節で触れた様に、「鏡映変換操作」を実行するには、2次元より高次元の空間が必要です.

また、紐の結び目は3次元以上の空間でないと作れません. 現実の紐は、3次元立体だからです.(図9)

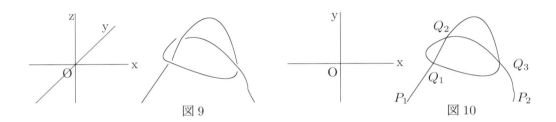

図 9   図 10

この紐が極めて細い場合には、紐の重なり部分は交点として、図10の様に描けます.

しかし、図10を2次元仮想空間内の図形とするなら、3個の接点と2個の端点を持つ、7本の線分から成る図形と考えなければなりません.

(4本の線分 $(P_1 - Q_1 - Q_2 - Q_3 - Q_1, Q_1 - Q_2, Q_2 - Q_3, Q_3 - P_2)$ から成るとも見られます)

一般に、次元とは, 数理命題や自然法則を構成する上での自由度とも考えられます.

この自由度の観点から、一部の数理操作や自然現象と空間次元との関連性を, まとめてみたのが次表です.　　　　　　　　　　　　　　　　　　　　　　表1

(r は距離)

数理操作・現象	1次元空間	2次元空間	3次元空間	n(≥ 4)次元空間
力学・電磁気学の作用[*1]	一定	r^{-1}に比例	r^{-2}に比例	r^{1-n}に比例
スピンと粒子交換との対応	不可	不可	可	可
図形の回転	不可	可	可	可
図形の鏡映変換	不可	不可	可	可
紐を結ぶ	不可	不可	可	可

[*1] 2次元以下の仮想空間での法則は、現実の3次元空間内では検証不可.
また、4次元以上の仮想空間での法則は、余剰次元の検証に有用

4 おわりに

　代数学においては, n 個の物の並べ替えを要素とする「n 次対称群 S_n」があります, 対称群 S_3 は、正三角形の頂点の変換群と同型であり、対称群 S_4 は、正四面体の頂点の変換群と同型です.[1]

　対称群 S_5 の場合に類似の同型群を構成するには、3 次元空間内の正四面体に、第 4 次元空間内の頂点を付加した立体（五胞体）を考えます.[2]

　五胞体の描像は、3 次元空間への展開図などで説明されますが、対称群 S_5 の要素 (5!個) に対応する図形変換を、$n = 3, 4$ の場合の様に明快に図解する事は出来ません.
これらをまとめると表 2 のようになります.

表 2

S_m	S_m に対応する図形変換	1 次元空間	2 次元空間	3 次元空間	$n(\geq 4)$ 次元空間
S_2	線分の回転	不可	可	可	可
S_3	正三角形の回転・鏡映変換	不可	不可[*2]	可	可
S_4	正四面体の回転・鏡映変換	不可	不可[*2]	不可[*2]	可 ($n \geq 4$)
S_m	m 胞体の回転・鏡映変換	不可	不可[*2]	不可[*2]	可 ($n \geq m$)

(*2) 鏡映変換のみ不可

参考文献

[1] 森　弘之 著 「2 つの粒子で世界がわかる」 講談社 2019 (p.96〜p.103 参照)

[2] 鈴木　智秀 著 「今度こそわかる ガロア理論」 SB クリエイティブ 2017 (6 章 86 節参照)

[3] 小笠　英志 著 「高次元空間を見る方法」 講談社 2019 (Part 4 参照)

---

[1] 上村恒司 著「宇宙一美しいガロア理論」(幻冬舎 刊) に解説図があります (p.44〜p.45)

☆☆☆☆☆☆☆☆☆☆☆☆☆☆☆

II　物理学の部

☆☆☆☆☆☆☆☆☆☆☆☆☆☆☆

第8章　電磁気法則の共変性

1　はじめに

　「物理法則を表す数式は座標変換しても形式は不変である (共変性がある)」ことを要請するのが相対性原理です. この原理は,「自然空間の一様・等方性から, 任意の位置での観測結果は同等なものである」との考え方に由来します. この考え方は, 座標変換における 物理法則の一種の対称性を要請しているともとれます.

　この共変性は, 座標変換と表裏一体のもので, 慣性系[1]から慣性系への座標変換の場合には, ガリレー変換とローレンツ変換が知られていて, それぞれに対応する共変な法則としてニュートン力学と相対論的力学が構成されています. そして, 加速度系を含むより一般的な座標変換に対して形式不変な法則として, 重力場方程式が得られたわけです.

　一方, 電磁気法則も物理法則の一つですから, 座標変換の下で相対性原理を満たすべきです.

　電磁気法則は電磁場についてのマクスウェル方程式です. 座標変換すれば電磁場の表示式は変化しますから, この方程式が相対性原理と整合するためには変換前後の電磁場は何らかの条件 (共変条件) で結ばれているはずです.

　本論のテーマは, 特殊ローレンツ変換の下での「電磁気法則の共変条件」を明らかにし, その共変条件が経験法則といかに関わっているかを示すことです.

　ところで, この共変条件の説明としては, 以下のような論法が見受けられます.

　（1）3次元ベクトル場表示のマクスウェル方程式について, 共変性を要請して「3次元ベクトル場に対する共変条件式」を求める [1][2]

　このとき, 3次元ベクトル場を 16 成分の量 $\{f_{\mu\nu}\}$ を用いて表示すると, 3次元ベクトル場の共変条件は $\{f_{\mu\nu}\}$ のテンソル性にほかなりません.[2]

　（2）4元ポテンシャル (A_μ) にローレンツゲージ条件を課す場合, このゲージ条件がすべての慣性系で成り立てば (A_μ) は 4 元ベクトル性をもちます. このとき, (A_μ) の 4 元回転である $\{f_{\mu\nu}\}$ のもつテンソル性が共変性を意味します. [3][4][6][7]

　（3）16 成分量 $\{f_{\mu\nu}\}$ を天下り的に導入して, マクスウェル方程式を $\{f_{\mu\nu}\}$ で表示した上で, $\{f_{\mu\nu}\}$ に対する共変性を説明する. [5][8]

　ここでは, 方法 (1) の論法を解析してみますが, 本題に入る前に, 特殊相対論の必要事項の概略を復習しておきます. そこでは「特殊相対論」や「特殊ローレンツ変換」を指す場合は, 単に「相対論」や「ローレンツ変換」のように記します.

2　相対論の概要

　相対運動する慣性系を次のように設定します.

---
[1]等速直線運動する物体がそのまま同じ等速度運動を続けるような物理系
[2]付録 2 参照

慣性系の空間座標軸は直交軸とします. そして, ある慣性系 S の座標変数を (x, y, z, t) とし, 慣性系 S' の座標変数を (x', y', z', t') とするとき, 対応する空間座標軸は平行で, S' 系は S 系に対して x' 軸の正の向きに速さ V で等速直線運動しているとします.

このとき, 両系の座標変数は良く知られたローレンツ変換

$$
\begin{aligned}
x' &= \gamma(x - \beta ct) \tag{2.1}\\
y' &= y \quad, \quad z' = z\\
ct' &= \gamma(ct - \beta x) \tag{2.2}
\end{aligned}
$$

で結びつけられています. ここに, c は真空内の光の速さであり, $\gamma := 1/\sqrt{1 - (V/c)^2}, \beta := V/c$ としています.

つぎに, S 系で速度 $\boldsymbol{v} = (v_x, v_y, v_z)$ で運動する物体の S' 系における速度を $\boldsymbol{v}'$ とすれば, $\xi := 1 - v_x V/c^2$ として, つぎの関係式が成り立ちます. $(v := |\boldsymbol{v}|)$

$$
\begin{aligned}
\boldsymbol{v}' &= \frac{1}{\xi\gamma}(\gamma(v_x - V), v_y, v_z) \tag{2.3}\\
(\xi\gamma)^2(c^2 - v'^2) &= (c^2 - v^2) \tag{2.4}
\end{aligned}
$$

(2.3) については, 上記のローレンツ変換式を用いて以下のように示されます.

$$
\begin{aligned}
\frac{\mathrm{d}x'}{\mathrm{d}t'} = \frac{\mathrm{d}x - V\mathrm{d}t}{\mathrm{d}t - V\mathrm{d}x/c^2} &= \frac{v_x - V}{1 - v_x V/c^2}\\
&= \frac{v_x - V}{\xi}\\
\frac{\mathrm{d}y'}{\mathrm{d}t'} = \frac{\mathrm{d}y}{\gamma(\mathrm{d}t - V\mathrm{d}x/c^2)} &= \frac{v_y}{\xi\gamma}\\
\frac{\mathrm{d}z'}{\mathrm{d}t'} = \frac{\mathrm{d}z}{\gamma(\mathrm{d}t - V\mathrm{d}x/c^2)} &= \frac{v_z}{\xi\gamma}
\end{aligned}
$$

そして, (2.4) については (2.3) を使って

$$
\begin{aligned}
c^2 - v'^2 &= c^2 - \frac{\gamma^2(v_x - V)^2 + v_y^2 + vz^2}{(\xi\gamma)^2}\\
(\xi\gamma)^2(c^2 - v'^2) &= \gamma^2(c^2\xi^2 - (v_x - V)^2) - v_y^2 - v_z^2\\
&= \gamma^2\left(c^2 - V^2 + v_x^2\left(\frac{V^2}{c^2} - 1\right)\right) - v_y^2 - v_z^2\\
&= \gamma^2\left(1 - \frac{V^2}{c^2}\right)c^2 - v^2 = c^2 - v^2
\end{aligned}
$$

以上で, よく使われる関係式 (2.3),(2.4) が証明されました.

相対論では時間と空間の座標変数が一組となって変換されます. そこで, 4成分の座標 (x^0, x^1, x^2, x^3) $:= (ct, x, y, z)$ で構成されるミンコフスキー空間を導入して, 3次元空間で定義された物理量を手掛かりに, 種々の4成分量を定義しています. その中で, ローレンツ変換において, 4成分座標と同

形の変換をするものを 4 元反変ベクトルと呼びます. すなわち, 4 成分 $\{X^0, X^1, X^2, X^3\}$ がローレンツ変換により次のように変換される場合です.

$$X^{0\prime} = \gamma\left(X^0 - \beta X^1\right) \tag{1$'$}$$

$$X^{2\prime} = X^2 \quad, \quad X^{3\prime} = X^3$$

$$X^{1\prime} = \gamma\left(X^1 - \beta X^0\right) \tag{2$'$}$$

次節で扱う電荷密度 ρ および電流密度 $\boldsymbol{j}$ から構成される $(c\rho, \boldsymbol{j})$ は, その一例です. この反変ベクトルに対して, 変換式 (1$'$), (2$'$) の β を $-\beta$ で置き換えた形の変換をうける量 $\{Y_0, Y_1, Y_2, Y_3\}$ を共変ベクトルとよびます.

$$Y_0' = \gamma\left(Y_0 + \beta Y_1\right) \tag{1$''$}$$

$$Y_2' = Y_2 \quad, \quad Y_3' = Y_3$$

$$Y_1' = \gamma\left(Y_1 + \beta Y_0\right) \tag{2$''$}$$

微分演算子 $\{\partial_\mu := \partial/\partial x^\mu\}$ はその一例です. 以下の議論では, 反変ベクトルを単にベクトルと記しています. [3]

3 電磁気法則の共変条件

真空内のマクスウェル方程式は電束密度を $\boldsymbol{D}$, 磁束密度を $\boldsymbol{B}$ として

$$\mathrm{div}\,\boldsymbol{B} = 0 \qquad (I\,\text{群方程式}) \tag{3.1}$$

$$\mathrm{rot}\,\boldsymbol{E} + \frac{\partial \boldsymbol{B}}{\partial t} = 0 \qquad (I\,\text{群方程式}) \tag{3.2}$$

$$\mathrm{div}\,\boldsymbol{D} = \rho \qquad (II\,\text{群方程式}) \tag{3.3}$$

$$\mathrm{rot}\,\boldsymbol{H} - \frac{\partial \boldsymbol{D}}{\partial t} = \boldsymbol{j} \qquad (II\,\text{群方程式}) \tag{3.4}$$

ここに, ρ は電荷密度, $\boldsymbol{j}$ は電流密度であり, 電場を $\boldsymbol{E}$, 磁場を $\boldsymbol{H}$ とすれば $\boldsymbol{D} = \epsilon_0 \boldsymbol{E}, \boldsymbol{B} = \mu_0 \boldsymbol{H}$ の関係にあります. ϵ_0 は真空の誘電率, μ_0 は真空の透磁率と呼ばれる定数で, 真空内の光の速さ c とは $c^2 \epsilon_0 \mu_0 = 1$ で結ばれています. $\boldsymbol{E}$ および $\boldsymbol{H}$ は力を表す量ですから, 3 次元ベクトル場です. そこで, 以後 $\boldsymbol{E}, \boldsymbol{B}$ などを「3 元ベクトル場」とよぶことにします.

ところで, 電荷・電流が皆無な状態では, マクスウェル方程式 (3.3), (3.4) は符号を除いて (3.1), (3.2) と同形です. よって, まづ方程式 (3.1), (3.2) の共変性を考察しますが, 議論の便宜のためこれらの方程式を I 群方程式と名付け, 電荷・電流を含む方程式 (3.3), (3.4) を II 群方程式とよびます.

3.1 I 群方程式 (3.1), (3.2) の共変性

以下の推論は文献 [1](8 章) にならっています. まづ, (3.1) から $\boldsymbol{B} = \boldsymbol{B}(x, y, z, t)$ について

$$\frac{\partial B_x}{\partial x} + \frac{\partial B_y}{\partial y} + \frac{\partial B_z}{\partial z} = 0$$

---

[3] ここでの 4 元ベクトルの定義は, 特殊ローレンツ変換に限定したものです

変換則 $(1''), (2'')$ に注意して座標変換すると

$$\gamma \frac{\partial B_x}{\partial x'} - \gamma \frac{V}{c^2}\frac{\partial B_x}{\partial t'} + \frac{\partial B_y}{\partial y'} + \frac{\partial B_z}{\partial z'} = 0 \tag{3.5}$$

つぎに, 式 (3.2) の x 成分をみると

$$\frac{\partial E_z}{\partial y} - \frac{\partial E_y}{\partial z} = -\frac{\partial B_x}{\partial t}$$

座標変換すると

$$\frac{\partial E_z}{\partial y'} - \frac{\partial E_y}{\partial z'} = -\gamma \frac{\partial B_x}{\partial t'} + \gamma V \frac{\partial B_x}{\partial x'} \tag{3.6}$$

(3.5) , (3.6) から $\partial B_x/\partial t'$ を消去すると

$$\frac{\partial B_x}{\partial x'} + \gamma \frac{\partial}{\partial y'}\left(B_y + \frac{VE_z}{c^2}\right) + \gamma \frac{\partial}{\partial z'}\left(B_z - \frac{VE_y}{c^2}\right) = 0 \tag{3.7}$$

共変性の要請により, 式 (3.7) は変換後の法則

$$\mathrm{div}\boldsymbol{B}' = \frac{\partial B_x'}{\partial x'} + \frac{\partial B_y'}{\partial y'} + \frac{\partial B_z'}{\partial z'} = 0 \tag{3.8}$$

と一致すべきです. (3.7) , (3.8) より

$$\frac{\partial(B_x' - B_x)}{\partial x'} + \frac{\partial(B_y' - \gamma(B_y + VE_z/c^2))}{\partial y'} + \frac{\partial(B_z' - \gamma(B_z - VE_y/c^2))}{\partial z'} = 0 \tag{3.9}$$

(3.9) においては, 左辺の各項の被微分関数は任意の値をとれますから, 各項はすべて 0 でなければなりません. 従って, 第 1 項については $\partial(B_x' - B_x)/\partial x' = 0$ となり, $(B_x' - B_x) := f(y', z', t')$ のように x' を含まない関数で書けます. このような関数を $f[x']$ と表すことにします. 第 2,3 項についても同様ですから

$$B_x' = B_x + f[x'] \tag{3.10}$$
$$B_y' = \gamma(B_y + VE_z/c^2) + g[y'] \tag{3.11}$$
$$B_z' = \gamma(B_z - VE_y/c^2) + h[z'] \tag{3.12}$$

と書けます.

そこで再び式 (3.2) の x 成分に着目すると, (3.10) に注意して

$$\begin{aligned}
\frac{\partial E_z}{\partial y'} - \frac{\partial E_y}{\partial z'} &= -\frac{\partial B_x'}{\partial t} \\
&= \left(\gamma V \frac{\partial}{\partial x'} - \gamma \frac{\partial}{\partial t'}\right) B_x' \\
&= -\gamma V\left(\frac{\partial B_y'}{\partial y'} + \frac{\partial B_z'}{\partial z'}\right) - \gamma \frac{\partial B_x'}{\partial t'} \\
i.e. \quad \frac{\partial}{\partial y'}\left(E_z + \gamma V B_y'\right) - \frac{\partial}{\partial z'}\left(E_y - \gamma V B_z'\right) &= -\gamma \frac{\partial B_x'}{\partial t'}
\end{aligned}$$

と書けますから，これと変換後の対応する関係式

$$\frac{\partial E'_z}{\partial y'} - \frac{\partial E'_y}{\partial z'} = -\frac{\partial B'_x}{\partial t'}$$

と比較して $\boldsymbol{B}$ の場合と同様の推論により u, v を任意関数として

$$\gamma E'_z = E_z + \gamma V B'_y + \gamma u[y']$$
$$\gamma E'_y = E_y - \gamma V B'_z + \gamma v[z']$$

(3.11),(3.12) を用いて変形整理すると

$$E'_y = \gamma (E_y - V B_z) - V h[z'] + v[z'] \tag{3.13}$$
$$E'_z = \gamma (E_z + V B_y) + V g[y'] + u[y'] \tag{3.14}$$

が得られます．さらに，式 (3.2) の y 成分の解析から

$$E'_x = E_x + w[z'] \tag{3.15}$$
$$E'_z = \gamma(E_z + V B_y) + \phi[x'] \tag{3.16}$$
$$B'_y = \gamma(B_y + V E_z/c^2) + \psi[t'] \tag{3.17}$$

(3.14),(3.16) から，関数 ϕ は $\phi = V g[x', y'] + u[x', y']$ とおくべきです．さらに，(3.11),(3.17) から関数 ψ は $\psi = g[y', t']$ と置き換えなければなりません．(これらを総合すると $g = g[x', y', t']$)

そして，式 (3.2) の z 成分を解析すると

$$E'_y = \gamma(E_y - V B_z) + r[x'] \tag{3.18}$$
$$E'_x = E_x + \bar{w}[y'] \tag{3.19}$$
$$B'_z = \gamma(B_z - V E_y/c^2) + s[t'] \tag{3.20}$$

(3.15),(3.19) から $\bar{w} = w[y', z']$ また，(3.13),(3.18) から $r = -V h[x', z'] + v[x', z']$ さらに，(3.20),(3.12) より $s = h[z', t']$ という条件になります．(これらを総合して $h = h[x', z', t']$) 以上をまとめると

$$B'_x = B_x + f[x'] \tag{3.21}$$
$$B'_y = \gamma(B_y + V E_z/c^2) + g[x', y', t'] \tag{3.22}$$
$$B'_z = \gamma(B_z - V E_y/c^2) + h[x', z', t'] \tag{3.23}$$
$$E'_x = E_x + w[y', z'] \tag{3.24}$$
$$E'_y = \gamma(E_y - V B_z) - V h[x', z', t'] + v[x', z'] \tag{3.25}$$
$$E'_z = \gamma(E_z + V B_y) + V g[x', y', t'] + u[x', y'] \tag{3.26}$$

これらが I 群方程式 (3.1), (3.2) が共変的であるための必要十分な条件です．
ここに得られた条件を用いて，II 群方程式の共変性を確かめてみると

$$c\rho = \gamma(c\rho' + \beta j'_x) + c\epsilon_0(-\partial_x w + \gamma \partial'_y v - \gamma \partial'_z u)$$
$$j_x = \gamma(j'_x + \beta c\rho') + (-\partial'_y(h/\gamma + \beta\gamma v/c) + \partial'_z(-g/\gamma + \beta\gamma u/c) - \partial_0 w/c)/\mu_0$$
$$j_y = j'_y + (-\partial'_z f + \partial_x(h/\gamma + \beta\gamma v/c) - \gamma\partial_0 v/c)/\mu_0$$
$$j_z = j'_z + (\partial_y f + \partial_x(-g/\gamma + \beta\gamma u/c) + \gamma\partial_0 u/c)/\mu_0$$

のような, 電荷・電流密度を含む条件式が得られます. つまり, 任意関数は確定しません.

ここで, 電磁場を含む経験法則である「ローレンツ力」に注目します.

上記の共変条件式 (3.21)〜(3.26) で任意関数をすべて 0 としたものを「条件 I 」とすると, 付録 1 に示すように「4 元ローレンツ力の 4 元ベクトル性」と「条件 I 」とは 同等な法則です.

この条件 I を使えば, 次節の計算が示すように II 群方程式から電荷・電流密度に対する共変条件式が得られて, それは 4 元電流密度の 4 元ベクトル性を示すものです.

3.2 II 群方程式 (3.3), (3.4) の共変性

方程式 (3.3) を変形すると $\mathrm{div}\boldsymbol{E} = \rho/\epsilon_0$ ですから, 座標変換後の対応する量 $\mathrm{div}\boldsymbol{E}'$ を計算してみます.[4]

変換則 $(1''), (2'')$ に注意して

$$
\begin{aligned}
\mathrm{div}\boldsymbol{E}' &= \frac{\partial E'_x}{\partial x'} + \frac{\partial E'_y}{\partial y'} + \frac{\partial E'_z}{\partial z'} \\
&= \gamma\left(\frac{\partial}{\partial x} + \frac{V}{c^2}\frac{\partial}{\partial t}\right)E_x + \frac{\partial}{\partial y}\gamma(E_y - VB_z) + \frac{\partial}{\partial z}\gamma(E_z + VB_y) \\
&= \gamma\,\mathrm{div}\boldsymbol{E} + \frac{\gamma V}{c^2}\frac{\partial E_x}{\partial t} - \gamma V(\mathrm{rot}\boldsymbol{B})_x \\
&= \gamma\,\mathrm{div}\boldsymbol{E} + \frac{\gamma V}{c^2}\frac{\partial E_x}{\partial t} - \gamma\mu_0 V\left(j_x + \epsilon_0\frac{\partial E_x}{\partial t}\right) \\
&= \gamma\,\mathrm{div}\boldsymbol{E} - \gamma\mu_0 V j_x \qquad (\because\ c^2 = 1/\epsilon_0\mu_0) \\
&= \gamma(\rho/\epsilon_0 - \mu_0 V j_x)
\end{aligned}
$$

共変性の要請により, 最後の表式は ρ'/ϵ_0 に等しくなければなりません. 従って

$$
\rho' = \gamma\left(\rho - \frac{V}{c^2}j_x\right) \tag{3.27}
$$

つぎに, マクスウェル方程式 (3.4) の x 成分については,

$$
\begin{aligned}
\mu_0(\mathrm{rot}\boldsymbol{H}')_x &= \frac{\partial B'_z}{\partial y'} - \frac{\partial B'_y}{\partial z'} \\
&= \frac{\partial}{\partial y}\gamma\left(B_z - \frac{V}{c^2}E_y\right) - \frac{\partial}{\partial z}\gamma\left(B_y + \frac{V}{c^2}E_z\right) \\
&= \gamma(\mathrm{rot}\boldsymbol{B})_x - \frac{\gamma V}{c^2}\left(\mathrm{div}\boldsymbol{E} - \frac{\partial E_x}{\partial x}\right) \\
\therefore\ (\mathrm{rot}\boldsymbol{H}')_x &= \gamma\left(j_x + \epsilon_0\frac{\partial E_x}{\partial t}\right) - \frac{\gamma V}{\mu_0 c^2}\left(\frac{\rho}{\epsilon_0} - \frac{\partial E_x}{\partial x}\right) \\
&= \gamma(j_x - V\rho) + \gamma\epsilon_0\left(\frac{\partial}{\partial t} + V\frac{\partial}{\partial x}\right)E_x \\
&= \gamma(j_x - V\rho) + \epsilon_0\frac{\partial E'_x}{\partial t'}
\end{aligned}
$$

---

[4] $(\mathrm{div}\boldsymbol{E})'$ を $\mathrm{div}\boldsymbol{E}'$ と記します

共変性の要請により, 最後の表式は $j'_x + \epsilon_0 \frac{\partial E'_x}{\partial t'}$ に等しくなければなりません. 従って

$$j'_x = \gamma(j_x - V\rho) \tag{3.28}$$

そして, (3.4) の y 成分を計算すると

$$
\begin{aligned}
(\mathrm{rot}\boldsymbol{B}')_y = \frac{\partial B'_x}{\partial z'} - \frac{\partial B'_z}{\partial x'} &= \frac{\partial B_x}{\partial z} - \gamma^2 \left(\frac{\partial}{\partial x} + \frac{V}{c^2}\frac{\partial}{\partial t} \right) \left(B_z - \frac{VE_y}{c^2} \right) \\
&= (\mathrm{rot}\boldsymbol{B})_y + (1-\gamma^2)\frac{\partial B_z}{\partial x} - \frac{V\gamma^2}{c^2}\left(-\frac{\partial E_y}{\partial x} + \frac{\partial}{\partial t}\left(B_z - \frac{V}{c^2}E_y \right) \right) \\
&= (\mathrm{rot}\boldsymbol{B})_y + \frac{V\gamma^2}{c^2}\frac{\partial}{\partial x}(E_y - VB_z) - \frac{V\gamma}{c^2}\frac{\partial B'_z}{\partial t} \\
&= (\mathrm{rot}\boldsymbol{B})_y + \frac{V\gamma}{c^2}\frac{\partial E'_y}{\partial x} - \frac{V\gamma}{c^2}\frac{\partial B'_z}{\partial t} \\
&= \mu_0\epsilon_0\frac{\partial E_y}{\partial t} + \mu_0 j_y + \frac{V\gamma}{c^2}\frac{\partial E'_y}{\partial x} - \frac{V\gamma}{c^2}\frac{\partial B'_z}{\partial t} \\
&= \mu_0 j_y + \frac{V\gamma}{c^2}\frac{\partial E'_y}{\partial x} + \frac{1}{c^2}\frac{\partial}{\partial t}(E_y - V\gamma B'_z) \\
&= \mu_0 j_y + \frac{V\gamma}{c^2}\frac{\partial E'_y}{\partial x} + \frac{\gamma}{c^2}\frac{\partial E'_y}{\partial t} \\
&= \mu_0 j_y + \frac{1}{c^2}\frac{\partial E'_y}{\partial t'}
\end{aligned}
\tag{3.29}
$$

共変性の要請により, 最後の表式は $\mu_0 j'_y + \frac{1}{c^2}\frac{\partial E'_y}{\partial t'}$ に等しくなければなりません. 従って

$$j'_y = j_y \tag{3.30}$$

(3.4) の z 成分についても同様の計算で

$$(\mathrm{rot}\boldsymbol{B}')_z = \mu_0 j_z + \frac{1}{c^2}\frac{\partial E'_z}{\partial t'}$$

を導くことができて, 共変性の要請により

$$j'_z = j_z \tag{3.31}$$

共変条件をまとめると, 条件 I として

$$B'_x = B_x \ , \ B'_y = \gamma\left(B_y + \frac{VE_z}{c^2} \right) \ , \ B'_z = \gamma\left(B_z - \frac{VE_y}{c^2} \right) \tag{3.32}$$

$$E'_x = E_x \ , \ E'_y = \gamma\left(E_y - VB_z \right) \ , \ E'_z = \gamma\left(E_z + VB_y \right) \tag{3.33}$$

そして, 条件 II として

$$c\rho' = \gamma(c\rho - \beta j_x) \tag{3.34}$$

$$j'_x = \gamma(j_x - \beta c\rho) \tag{3.35}$$

$$j'_y = j_y \ , \quad j'_z = j_z \tag{3.36}$$

4成分量 $(c\rho, \boldsymbol{j})$ は4元電流密度と呼ばれます. 条件 (3.34)〜(3.36) は, 4元電流密度が4元ベクトルであるべきことを示しています. ここで, 議論の便宜のため条件 (3.32)〜(3.33) を条件 I と名付け, 条件 (3.34)〜(3.36) を条件 II としています.

ところが, この条件 II:「4元電流密度の4元ベクトル性」は, 相対運動する慣性系における電荷保存則とローレンツ変換の性質から自然に導かれます.

4 4元電流密度の4元ベクトル性

文献 [5] で紹介されているゾンマーフェルトの考え方に習って, 4元電流密度 (j^μ) が4元ベクトルであることを示します.

[証明] 慣性系 $S(x^\mu)$ から慣性系 $S'(x'^\mu)$ への特殊ローレンツ変換を

$$x' = \gamma(x - \beta ct) \tag{4.1}$$

$$y' = y \quad , \quad z' = z \tag{4.2}$$

$$ct' = \gamma(ct - \beta x) \tag{4.3}$$

とします. ここに, 一定の相対速度を $(V, 0, 0)$ とし, $\gamma = 1/\sqrt{1 - \beta^2}, \beta = V/c$ としています. このとき, S' 系での相対運動方向の長さ $\mathrm{d}x'$ を S 系で観測すると $\mathrm{d}x = \mathrm{d}x'\sqrt{1 - \beta^2}$ となります.(ローレンツ収縮) 一方, 相対運動方向に垂直な方向の長さの収縮はありませんから, 体積素片 $\mathrm{d}V = \mathrm{d}x\mathrm{d}y\mathrm{d}z$ については, 次の関係が成り立ちます.

$$\mathrm{d}V = \mathrm{d}V'\sqrt{1 - \beta^2} = \mathrm{d}V'/\gamma \tag{4.4}$$

つぎに, 光速 c でこの体積素片が時間間隔 $\mathrm{d}t$ の間に4元時空の中で通過する4元体積 $\mathrm{d}_4 V$ は, $c\mathrm{d}V\mathrm{d}t$ ですが, これはスカラー量です. これを示すために, S' 系の時間軸上の2点 $P(ct'_1, 0, 0, 0), Q(ct'_2, 0, 0, 0)$ を想定します. このとき, S' 系における4元体積は $\mathrm{d}t' := t'_2 - t'_1$ として $\mathrm{d}_4 V' = c\mathrm{d}V'\mathrm{d}t'$ と表されます. 一方, P, Q を S 系から観測したときの座標は $x' = 0$ を (4.1) に代入して $x = c\beta t$ です. これを（4.3）に代入すれば, $ct'_i = \gamma(ct_i - c\beta^2 t_i)$ となりますから, $c\mathrm{d}t' := c\gamma(1 - \beta^2)\mathrm{d}t = c\mathrm{d}t\sqrt{1 - \beta^2}$ となります. よって,

$$\mathrm{d}_4 V' = c\mathrm{d}t\sqrt{1 - \beta^2}\mathrm{d}V/\sqrt{1 - \beta^2} = c\mathrm{d}t\mathrm{d}V = \mathrm{d}_4 V$$

$$i.e. \quad c\mathrm{d}V'\mathrm{d}t' = c\mathrm{d}V\mathrm{d}t \tag{4.5}$$

以上で, 4元体積素片の不変性（スカラー性）が示されました.

つぎに, 慣性系に存在する電気量を両系から観測した場合の関係を解析します.

S' 系で静止している体積素片 $\mathrm{d}V'$ の中で静止している電気量を q' とすれば, 静止条件から q' は保存量です. つまり

$$\partial'_0 q' = 0 \tag{4.6}$$

これを S 系から観測すると, 電荷密度を ρ として, $q = \rho\mathrm{d}V$ なる電気量が速度 $(V, 0, 0)$ で進行していることになります. したがって, S 系での**電荷保存則**により[5]

$$\partial_0(c\rho) + \partial_1(V\rho) = 0$$

---
[5]電荷保存則はマクスウェル方程式から導かれます

これを変形して

$$\partial_0(c\rho) + \partial_1(c\beta\rho) = 0$$
$$\text{i.e.} \quad (\partial_0 + \beta\partial_1)\rho = 0 \tag{4.7}$$

$\partial_0' = \gamma(\partial_0 + \beta\partial_1)$ ですから, (4.7) はつぎのように変形できます.

$$\partial_0'(\rho/\gamma) = 0 \tag{4.8}$$

(4.8) の両辺に静止している dV' を掛けると, 左辺の被微分関数は (4.4) を使って

$$\rho dV'/\gamma = \rho\gamma dV/\gamma = \rho dV = q$$

となりますから (4.8) は

$$\partial_0' q = 0 \tag{4.9}$$

(4.6),(4.9) より, S' 系においては q', q はともに保存量です. 特に, 相対速度が 0 の場合には $q' = q$ ですから, 常に $q' = q$ であることになります.[6] これは $\rho' dV' = \rho dV$ を意味しますから, 両辺を c 倍して

$$c\rho' dV' = c\rho dV \tag{4.10}$$

も不変量であり, (4.10) を (4.5) で除した $\sigma := \rho/dt$ も不変量です.

ところで, 4元電流密度は $(j^\mu) = (\rho c, \rho \boldsymbol{v}) = \rho(c, d\boldsymbol{x}/dt) = \sigma(cdt, d\boldsymbol{x})$ と変形できますが, $(cdt, d\boldsymbol{x})$ は周知の4元ベクトルですから, そのスカラー (σ) 倍である (j^μ) も4元ベクトルです.
[証明終]

次に, 電荷保存則に関係する下記の法則を確かめておきます.

[法則 1] 4元電流密度 $(c\rho, \boldsymbol{j}) := (j^0, j^1, j^2, j^3) =$ が4元ベクトルであれば, 電荷保存則は共変的です.

[証明] 4元電流密度 (j^μ) が4元ベクトルであると仮定すると, 変換式 (3.34)〜(3.36) が成り立ちますから,

$$j^{0\prime} = \gamma(j^0 - \beta j^1)$$
$$j^{1\prime} = \gamma(j^1 - \beta j^0)$$
$$j^{2\prime} = j^2 \quad, \quad j^{3\prime} = j^3$$

一方, 電荷保存則は $\partial_\mu j^\mu = 0$ と表記されますから

$$\partial_\mu' j^{\mu\prime} = \gamma^2(\partial_0 + \beta\partial_1)(j^0 - \beta j^1) + \gamma^2(\partial_1 + \beta\partial_0)(j^1 - \beta j^0) + \partial_2 j^2 + \partial_3 j^3$$
$$= \partial_0 j^0 + \partial_1 j^1 + \partial_2 j^2 + \partial_3 j^3 = \partial_\mu j^\mu$$

---

[6] S' 系の電気量が移動している場合は, 無限小の時間間隔における無限小領域の電気量は時間的に一定とみなして, 各瞬間において両系の電気量は一致していると考えられます

つまり, 電荷保存則は共変的です.

[証明終]

ただし法則1の逆は一般には成立しません. その反例として, 定数 $a_\mu(\neq 0)$ を含むつぎのような変換関係で結ばれた4元電流密度をあげることができます. ($\beta := V/c$ については次節参照)

$$j^0 = \gamma(j'^0 + \beta j'^1) + \beta a_0 \tag{4.11}$$

$$j^1 = \gamma(j'^1 + \beta j'^0) + \beta a_1 \tag{4.12}$$

$$j^k = j'^k + \beta a_k \quad (k = 2,3) \tag{4.13}$$

この場合には $D' = 0$ の仮定の下で $D = 0$ を導くことができます. しかし, (j^μ) は4元ベクトルとして変換されていません.

この法則1の逆が成り立つという主張が文献 [8] にみられます. その第V章において, 各慣性系の電荷密度の変換性を導いていますが, その論証の補助として設けた付録2において, 電荷保存則の共変性を前提として, 4元電流密度が4元ベクトルであると結論しています. しかしその論証の中で, 両慣性系の電荷・電流密度の関係を表わす関数についての解析において, 条件付きの極値問題 (ラグランジュの未定係数法で定式化) として扱っていますが, これは間違いです. 極値である必然性が無いからです.

ここまでの議論で, マクスウェル方程式の共変条件について, 以下のことが判明しました.

[1] 4元ローレンツ力の (反変) ベクトル性を前提にすれば, 共変条件 I は一意的に定まる.

[2] II群方程式の共変条件は電荷・電流密度への拘束式（共変条件 II ）となる.

[3] 条件 II から 電荷保存則の共変性が導かれますが, 逆は成り立ちません.

5　おわりに

ここまで, 3元ベクトル場表示の電磁気法則の共変性をみてきました. 議論を要約すると

[1] 電磁気法則の共変性の基礎になる経験法則が2つある

[2] 4元ポテンシャルは電磁気法則の共変性に関与しない

これらの点については, 文献などでは明快に指摘されていません.

[1] に関連して, 共変性に関わる法則の因果関係をまとめると次のようになります.

[電荷保存則]$\Longrightarrow$**[4元電流密度の4元ベクトル性 (共変条件 II)]**$\Longrightarrow$**[電磁気法則の共変性]**

$\Uparrow$ $\qquad\qquad\qquad\qquad\qquad\qquad\qquad\qquad\qquad\qquad\qquad\qquad\quad \Uparrow$

[ローレンツ変換]　　　**[4元ローレンツ力の4元ベクトル性]**$\Longleftrightarrow$**[電磁場の共変条件 I]**

つまり, 電荷保存則とローレンツ力という2つの経験則が, 電磁気法則の共変性の基礎であることになります. なお, 上段右端の共変性には「電荷保存則の共変性」も含みます.

[2] に関連して,「電磁気法則のテンソル表示」について付け加えておきたいと思います.

付録 2 では, 2 添字 16 成分の物理量 $\{f_{\mu\nu}\}$ は, 4 成分量 (A_μ)(4 元ポテンシャル) の 4 元回転により定義されます. これより, $\{f_{\mu\nu}\}$ は反対称性の量であることになり, その共変条件は テンソル条件式そのものであることがわかります.(式 (a2.19) 参照) つまり, $\{f_{\mu\nu}\}$ の特性は (A_μ) の性質とは無関係に定まります. そもそも, 同一の電磁場を表す (A_μ) にはゲージ変換に由来する任意性がありますから, これは当然のことです.

一方, 4 元ポテンシャル (A^μ) 表示の電磁場をマクスウェル方程式に代入すれば, (A^μ) についての方程式が得られます. この方程式を簡潔な波動方程式の形にするために (A^μ) のゲージ変換による任意性が利用されます. その一つが「ローレンツゲージ条件 $(\partial_\mu A^\mu = 0)$」で, このゲージ条件式が共変的ならば (A^μ) は 4 元ベクトルの性質をもちます.

(A^μ) の 4 元ベクトル性を前提とする議論においては, 最後に $\{f_{\mu\nu}\}$ のテンソル性を 3 元ベクトル場に表示換えした関係式 (条件 I: §3.2 の (3.32),(3.33)) に言及している文献もあります [5][7].

付録 1 ローレンツ力と電磁気法則の共変性

[a1-1] 4 元ローレンツ力の導入

S 系の磁場の中の電流が受けるアンペール力が, 速度 $\boldsymbol{v}$ を持つ運動電荷 q の受けるローレンツ力 $\boldsymbol{F} = q(\boldsymbol{E} + \boldsymbol{v} \times \boldsymbol{B})$ として定式化されました. この力の表式が, 相対性原理により全ての慣性系で同一数式で表されるならば, S' 系では $\boldsymbol{F}' = q(\boldsymbol{E}' + \boldsymbol{v}' \times \boldsymbol{B}')$ と書けるはずです. 変換式 (2.3) および条件式 (3.32),(3.33) を用いると $\boldsymbol{F}'$ は

$$F'_x = \frac{1}{\xi}\left(F_x - \frac{qV}{c^2}\boldsymbol{v}\cdot\boldsymbol{E}\right) \tag{a1.1}$$

$$F'_y = \frac{1}{\gamma\xi}F_y \tag{a1.2}$$

$$F'_z = \frac{1}{\gamma\xi}F_z \tag{a1.3}$$

となります. まづ, F'_x については

$$
\begin{aligned}
F'_x &= q(E'_x + v'_y B'_z - v'_z B'_y) \\
&= qE_x + \frac{qv_y}{\xi\gamma}\gamma\left(B_z - \frac{V}{c^2}E_y\right) - \frac{qv_z}{\xi\gamma}\gamma\left(B_y + \frac{V}{c^2}E_z\right) \\
&= qE_x + \frac{q}{\xi}(\boldsymbol{v}\times\boldsymbol{B})_x - \frac{qV}{\xi c^2}(\boldsymbol{v}\cdot\boldsymbol{E} - v_x E_x) \\
&= qE_x\left(1 + \frac{v_x V}{\xi c^2}\right) + \frac{q}{\xi}(\boldsymbol{v}\times\boldsymbol{B})_x - \frac{qV}{\xi c^2}(\boldsymbol{v}\cdot\boldsymbol{E})
\end{aligned}
$$

$1 + v_x V/\xi c^2 = 1/\xi$ ですから

$$
\begin{aligned}
F'_x &= \frac{q}{\xi}(E_x + (\boldsymbol{v}\times\boldsymbol{B})_x) - \frac{qV}{\xi c^2}(\boldsymbol{v}\cdot\boldsymbol{E}) \\
&= \frac{1}{\xi}\left(F_x - \frac{qV}{c^2}\boldsymbol{v}\cdot\boldsymbol{E}\right)
\end{aligned}
$$

となり, (a1.1) が得られます. つぎに, F'_y については

$$
\begin{aligned}
F'_y &= q(E'_y + v'_z B'_x - v'_x B'_z) \\
&= q\gamma(E_y - VB_z) + \frac{qv_z}{\xi\gamma}B_x - \frac{q(v_x - V)}{\xi}\gamma\left(B_z - \frac{V}{c^2}E_y\right) \\
&= q\gamma E_y\left(1 + \frac{V(v_x - V)}{\xi c^2}\right) + \frac{qv_z}{\xi\gamma}B_x - q\gamma B_z\frac{v_x + V(\xi - 1)}{\xi} \\
&= \frac{qE_y}{\xi\gamma} + \frac{qv_z}{\xi\gamma}B_x - \frac{qB_z v_x}{\xi\gamma} \\
&= \frac{q}{\xi\gamma}(E_y + (\boldsymbol{v} \times \boldsymbol{B})_y) = \frac{F_y}{\xi\gamma}
\end{aligned}
$$

F'_z についても同様に導くことができます.

(a1.2),(a1.3) から $\boldsymbol{F}$ は 4 元反変ベクトルの空間成分とはなり得ませんから, ミンコフスキー力[7]にならって, 試みに $\boldsymbol{G} := \boldsymbol{F}/\sqrt{1 - v^2/c^2}$ なる力を導入してみると, 関係式 (2.4) を使って

$$
G'_x = \frac{F'_x}{\sqrt{1 - v'^2/c^2}} = \frac{\gamma\xi}{\sqrt{1 - v^2/c^2}}\frac{F_x - qV(\boldsymbol{v} \cdot \boldsymbol{E})/c^2}{\xi}
$$

$$
\begin{aligned}
&= \gamma\left(G_x - \frac{qV(\boldsymbol{v} \cdot \boldsymbol{E})}{c^2\sqrt{1 - v^2/c^2}}\right) \\
&:= \gamma\left(G_x - qV(\boldsymbol{s} \cdot \boldsymbol{E})/c^2\right) \tag{a1.4}
\end{aligned}
$$

(a1.4) においては, $\boldsymbol{s} = \boldsymbol{v}/\sqrt{1 - (v/c)^2}$ と定義しています. そして, $G'_y = G_y$ および $G'_z = G_z$ であることも容易に確かめられます. ここで, 以後の議論でよく使われる関係式を提示しておきます.

$$
\xi\gamma\sqrt{1 - (v'/c)^2} = \sqrt{1 - (v/c)^2} \tag{a1.5}
$$

この式は, 2-1 節の (2.4) 式を変形したものです.

この関係を使えば, $G'_y = G_y$ については

$$
\begin{aligned}
G'_y = \frac{F'_y}{\sqrt{1 - (v'/c)^2}} &= \frac{\xi\gamma F'_y}{\sqrt{1 - (v/c)^2}} \\
&= \frac{F_y}{\sqrt{1 - (v/c)^2}} = G_y
\end{aligned}
$$

同様の計算で $G'_z = G_z$ も示されます.

そこで, $\boldsymbol{G}$ を空間成分とする 4 元反変ベクトルの第 1 成分を G_t とすれば, ローレンツ変換式は

$$
G'_x = \gamma\left(G_x - VG_t/c\right)
$$

となるはずです. よって, (a1.4) と比較して

$$
G_t = q(\boldsymbol{s} \cdot \boldsymbol{E})/c \tag{a1.6}
$$

---

[7]運動量を $\boldsymbol{p}$, エネルギーを E とするとき, $\boldsymbol{f} = \mathrm{d}\boldsymbol{p}/\sqrt{1 - (v/c)^2}\mathrm{d}t$ と $f^0 = \mathrm{d}E/c\sqrt{1 - (v/c)^2}\mathrm{d}t$ から成る 4 元力 $(f^0, \boldsymbol{f})$

が得られます. 念のため, G'_t と G_t の関係をみておきます.
$s'_x = \gamma(s_x - V/\sqrt{1 - v^2/c^2})$, $s'_y = s_y$, $s'_z = s_z$ に注意して

$$
\begin{aligned}
G'_t &= \frac{q\gamma}{c}\left(s_x - \frac{V}{\sqrt{1-(v/c)^2}}\right)E_x + \frac{q\gamma}{c}s_y(E_y - VB_z) + \frac{q\gamma}{c}s_z(E_z + VB_y) \\
&= \frac{q\gamma}{c}\left(\boldsymbol{s}\cdot\boldsymbol{E} - \frac{VE_x}{\sqrt{1-(v/c)^2}} - V(\boldsymbol{s}\times\boldsymbol{B})_x\right)
\end{aligned}
$$

$\boldsymbol{s} = \boldsymbol{v}/\sqrt{1 - (v/c)^2}$ ですから

$$
\begin{aligned}
G'_t &= \frac{q\gamma}{c}\left(\boldsymbol{s}\cdot\boldsymbol{E} - \frac{V}{\sqrt{1-(v/c)^2}}(E_x + (\boldsymbol{v}\times\boldsymbol{B})_x)\right) \\
&= \frac{\gamma}{c}\left(q\boldsymbol{s}\cdot\boldsymbol{E} - V\frac{F_x}{\sqrt{1-(v/c)^2}}\right) \\
&= \gamma\left(G_t - \frac{V}{c}G_x\right)
\end{aligned}
$$

となり, 確かにローレンツ変換式を満足しています. ここに得られた4元反変ベクトル $(G_t, \boldsymbol{G})$ は, 4元ローレンツ力とよぶべきものです.

$$
(G_t, \boldsymbol{G}) = \frac{q}{\sqrt{1 - v^2/c^2}}\left(\frac{\boldsymbol{v}\cdot\boldsymbol{E}}{c} \quad , \quad \boldsymbol{E} + (\boldsymbol{v}\times\boldsymbol{B})\right) \tag{a1.7}
$$

[a1-2] 4元ローレンツ力と電磁場の共変条件

前節で, 4元力 $(G_t, \boldsymbol{G})$ が4元反変ベクトルであることは, マクスウェル方程式の共変性条件 I : (3.32),(3.33) により示されました. 逆に, 4元力 $(G_t, \boldsymbol{G})$ が4元反変ベクトルであることから, (3.32) , (3.33) を導くことができます.
つまり, 次の法則が成り立ちます.

[法則 2] マクスウェル方程式が特殊ローレンツ変換で共変的であるための電磁場に対する条件から,

4元ローレンツ力が4元反変ベクトルであることが導かれ, 逆も成り立ちます.

[証明] 法則の逆を示すために, $(G_t, \boldsymbol{G})$ が4元反変ベクトルであると仮定します. これは以下の変換式が成り立つことを意味します.

$$
G'_t = \gamma\left(G_t - \frac{V}{c}G_x\right) \tag{a1.8}
$$

$$
G'_x = \gamma\left(G_x - \frac{V}{c}G_t\right) \tag{a1.9}
$$

$$
G'_y = G_y \quad , \quad G'_z = G_z
$$

まづ (a1.8) を電磁場を用いて表せば

$$
\frac{q\boldsymbol{v}'\cdot\boldsymbol{E}'}{c\sqrt{1-(v'/c)^2}} = \gamma\frac{q\boldsymbol{v}\cdot\boldsymbol{E}}{c\sqrt{1-(v/c)^2}} - \frac{\gamma V}{c}\frac{q}{\sqrt{1-(v/c)^2}}(E_x + v_yB_z - v_zB_y)
$$

95

関係式 (a1.5) に注意して変形すると

$$\xi \boldsymbol{v'} \cdot \boldsymbol{E'} = \boldsymbol{v} \cdot \boldsymbol{E} - V(E_x + v_y B_z - v_z B_y)$$

$\boldsymbol{v'}$ を S 系の速度 $\boldsymbol{v}$ に変換して, 速度の成分ごとに整理すると

$$(v_x - V)E'_x + \frac{1}{\gamma}(v_y E'_y + v_z E'_z) = (v_x - V)E_x + v_y(E_y + VB_z) + v_z(E_z - VB_y)) \tag{a1.10}$$

$(v_x - V), v_y, v_z$ は任意の値をとれますから, それぞれの係数は両辺で等しくなければなりません. すなわち

$$E'_x = E_x \ , \ E'_y = \gamma(E_y + VB_z) \ , \ E'_z = \gamma(E_z - VB_y)$$

となり, 条件式 (3.32) が得られます.

そして, (a1.9) からは

$$\frac{q}{\sqrt{1 - (v'/c)^2}}(E'_x + v'_y B'_z - v'_z B'_y) = \frac{q\gamma}{\sqrt{1 - (v/c)^2}}(E_x + v_y B_z - v_z B_y) - \frac{q\gamma V}{c}\frac{\boldsymbol{v} \cdot \boldsymbol{E}}{c\sqrt{1 - (v/c)^2}}$$

関係式 (a1.5) を使って

$$\xi(E'_x + v'_y B'_z - v'_z B'_y) = (E_x + v_y B_z - v_z B_y) - \frac{V}{c^2}\boldsymbol{v} \cdot \boldsymbol{E}$$

v'_y, v'_z を v_y, v_z に変換して

$$\xi E'_x + \frac{1}{\gamma}\left(v_y B'_z - v_z B'_y\right) = E_x\left(1 - \frac{v_x V}{c^2}\right) + v_y\left(B_z - \frac{VE_y}{c^2}\right) - v_z\left(B_y + \frac{VE_z}{c^2}\right) \tag{a1.11}$$

となりますから, v_y, v_z の係数を比較して

$$B'_y = \gamma\left(B_y + \frac{VE_z}{c^2}\right) \ , \ B'_z = \gamma\left(B_z - \frac{VE_y}{c^2}\right)$$

すなわち, 条件式 (3.33) の y, z 成分 が得られます. さらに, 4 元反変ベクトル条件 $G'_y = G_y$ より

$$\frac{q}{\sqrt{1 - (v'/c)^2}}(E'_y + v'_z B'_x - v'_x B'_z) = \frac{q}{\sqrt{1 - (v/c)^2}}(E_y + v_z B_x - v_x B_z)$$

関係式 (a1.5) を使って

$$\xi\gamma\left(\gamma(E_y - VB_z) + \frac{v_z B'_x}{\xi\gamma} - \frac{(v_x - V)\gamma}{\xi}\left(B_z - \frac{VE_y}{c^2}\right)\right) = E_y + v_z B_x - v_x B_z$$

$\xi + V(v_x - V)/c^2 = 1/\gamma^2, \xi V + v_x - V = v_x/\gamma^2$ に注意して変形すると

$$E_y - v_x B_z + v_z B'_x = E_y + v_z B_x - v_x B_z \tag{a1.12}$$

これより $B'_x = B_x$ が得られます.

ちなみに, 条件 $G'_z = G_z$ を使っても $B'_x = B_x$ を導くことができます. [証明終]

付録2 電磁場のテンソル表示

マクスウェル方程式の一つ $\mathrm{div}\boldsymbol{B}=0$ より，ある3成分関数 $\boldsymbol{A}=(A_1,A_2,A_3)$ を使って $\boldsymbol{B}=\mathrm{rot}\boldsymbol{A}$ と表せます．これを使えば，もう一つのマクスウェル方程式 $\mathrm{rot}\boldsymbol{E}+\partial\boldsymbol{B}/\partial t=0$ は，$\mathrm{rot}(\boldsymbol{E}+\partial\boldsymbol{A}/\partial t)=0$ となりますから，ある1成分関数 ϕ を用いて $\boldsymbol{E}+\partial\boldsymbol{A}/\partial t=-\mathrm{grad}\phi$ と書けます．

つまり，微分可能な関数 (ϕ,A_1,A_2,A_3) を用いて，電場 $\boldsymbol{E}$ と磁束密度 $\boldsymbol{B}$ を

$$\boldsymbol{E} = -\mathrm{grad}\phi-\frac{\partial\boldsymbol{A}}{\partial t} \tag{a2.1}$$

$$\boldsymbol{B} = \mathrm{rot}\boldsymbol{A} \tag{a2.2}$$

と表わすことができます．

ここで導入された $(\phi,\boldsymbol{A})$ を用いて $(A_0,A_1,A_2,A_3):=(-\phi/c,\boldsymbol{A})$ と定義される4成分の物理量を4元ポテンシャルと呼びます．

4元座標 $(ct,x,y,z):=(x^0,x^1,x^2,x^3)$ を用いれば，(a2.1),(a2.2) は

$$E_x = c\left(\frac{\partial A_0}{\partial x^1}-\frac{\partial A_1}{\partial x^0}\right) \quad,\quad B_x=\frac{\partial A_3}{\partial x^2}-\frac{\partial A_2}{\partial x^3} \tag{a2.3}$$

$$E_y = c\left(\frac{\partial A_0}{\partial x^2}-\frac{\partial A_2}{\partial x^0}\right) \quad,\quad B_y=\frac{\partial A_1}{\partial x^3}-\frac{\partial A_3}{\partial x^1} \tag{a2.4}$$

$$E_z = c\left(\frac{\partial A_0}{\partial x^3}-\frac{\partial A_3}{\partial x^0}\right) \quad,\quad B_z=\frac{\partial A_2}{\partial x^1}-\frac{\partial A_1}{\partial x^2} \tag{a2.5}$$

となりますから，4元ポテンシャルの4元回転を用いて

$$f_{\mu\nu}:=\partial_\mu A_\nu-\partial_\nu A_\mu=\frac{\partial A_\nu}{\partial x^\mu}-\frac{\partial A_\mu}{\partial x^\nu} \tag{a2.6}$$

と定義すれば，$f_{\mu\nu}=-f_{\nu\mu}$ であって，(a2.3)〜(a2.5) は

$$E_x = cf_{10} \quad,\quad B_x=f_{23} \tag{a2.7}$$

$$E_y = cf_{20} \quad,\quad B_y=f_{31} \tag{a2.8}$$

$$E_z = cf_{30} \quad,\quad B_z=f_{12} \tag{a2.9}$$

と表されます．

さらに，$\{f^{\mu\nu}\}$ を以下のように定義します．

$$f_{lm} = f^{lm} \qquad (l,m=1,2,3) \tag{a2.10}$$

$$f_{\mu 0} = -f^{\mu 0} \quad,\quad f_{0\nu}=-f^{0\nu} \qquad (\mu,\nu=0\sim3) \tag{a2.11}$$

この反対称な $\{f^{\mu\nu}\}$ を使えば，電磁場 $\{\boldsymbol{E},\boldsymbol{B}\}$ は

$$(f^{01},f^{02},f^{03}) := \frac{\boldsymbol{E}}{c} \tag{a2.12}$$

$$(f^{23},f^{31},f^{12}) := \boldsymbol{B} \tag{a2.13}$$

と表されます．

この $\{f^{\mu\nu}\}$ および $\{f_{\mu\nu}\}$ によりマクスウェル方程式は, μ_0 を真空の透磁率として

$$\partial_\nu f^{\lambda\nu} = \mu_0 j^\lambda \tag{a2.14}$$

$$\partial_\lambda f_{\mu\nu} + \partial_\mu f_{\nu\lambda} + \partial_\nu f_{\lambda\mu} = 0 \tag{a2.15}$$

とまとめられます. ここに, $(j^0, j^1, j^2, j^3) := (c\rho, \boldsymbol{j})$ は4元電流密度です.

「第1節　はじめに」 で述べた方法 (1) の議論では, 3元電磁場 $\{\boldsymbol{E}, \boldsymbol{B}\}$ の共変条件式 I（§3.2 の式

(3.32),(3.33)） が求められていますから,(a2.12),(a2.13) の関係式を使って $\{f^{\mu\nu}\}$ の共変条件式が導かれます.

計算結果は以下のとおりです.

$$(f^{01})' = f^{01} \quad , \quad (f^{23})' = f^{23} \tag{a2.16}$$

$$(f^{02})' = \gamma(f^{02} - \beta f^{12}) \quad , \quad (f^{03})' = \gamma(f^{03} - \beta f^{13}) \tag{a2.17}$$

$$(f^{12})' = \gamma(f^{12} - \beta f^{02}) \quad , \quad (f^{13})' = \gamma(f^{13} - \beta f^{03}) \tag{a2.18}$$

これらは $\{f^{\mu\nu}\}$ の反変テンソル条件

$$(f^{\mu\nu})' = \frac{\partial x^{\mu\prime}}{\partial x^\rho} \frac{\partial x^{\nu\prime}}{\partial x^\sigma} f^{\rho\sigma} = \partial_\rho x^{\mu\prime} \partial_\sigma x^{\nu\prime} f^{\rho\sigma} \tag{a2.19}$$

にもなっています. (反対称性により, 独立な条件式は 6 個です)

参考文献

[1] 竹内 淳 著 『高校数学でわかる相対性理論』 講談社 (2013 年)
　　ローレンツ変換におけるマクスウェル方程式の共変性条件については, 8 章 (p.210〜p.217)

[2] 内山龍雄 訳・解説 　『アインシュタイン相対性理論§6(p.40〜p.43) で, マクスウェル方程式の共変性条件を論じています.

[3] 内山龍雄 著 　『相対性理論』 岩波書店（1990 年）
　　III 章 §11 で, 4 元ポテンシャル (A^μ) を導入してマクスウェル方程式を (A^μ) で表現しています. この際, ローレンツゲージ条件を課していますから, (A^μ) は4元ベクトルとして扱われています. (p.67〜p.70)

[4] L. ランダウ/ M. リフシッツ 著 　（水戸 巌 ほか訳）『力学・場の理論』 筑摩書房（2008 年）
　　10 章§50 で, 4 元ベクトルとしての 4 元ポテンシャルを前提にして, 電磁場テンソルを導入しています (p.250〜p.254)

[5] W. パウリ 著 （内山龍雄 訳）『 相対性理論 上』 筑摩書房 (2007 年)
　　III 編§27(電荷の不変性) で, 4 元電流密度の 4 元ベクトル性を示しています. §28(電子論の基礎方程式の共変性) で, $\{F_{\mu\nu}\}$ 表示のマクスウェル方程式に共変性を要請すれば, $\{F_{\mu\nu}\}$ は 2 階テンソル (面テンソル) であるべきことを, 証明なしで指摘しています. (p.194〜p.204)

[6] 矢野 健太郎 著　『相対性理論』 至文堂（1963 年）
4 章 §2 で, 4 元ベクトル性を前提とした 4 元ポテンシャル (A^μ) を用いて電磁場テンソルを導入しています. (p.89〜p.91)

[7] 米谷・岸根 共著　『場と時間空間の物理』 NHK 出版 (2016 年)
4 元ポテンシャル (A_μ) については, 2 章 5 節 (p.40〜p.44). 10 章 2 節で (A_μ) が 4 元ベクトルの場合に限って 16 成分量 $\{F_{\mu\nu}\}$ を導入し, そのテンソル性から 3 元ベクトル場 $\{E, B\}$ の共変条件を示しています.(p.178〜p.184)

[8] C. メラ一 著　（永田・伊藤 共訳)『相対性理論』 みすず書房 (1959 年)
V 章 §53 で, $\{f_{\mu\nu}\}$ を天下り的に提示して, $\{f_{\mu\nu}\}$ 表示のマクスウェル方程式が共変的あるべきことから, $\{f_{\mu\nu}\}$ はテンソルでなければならないと, 証明なしで記しています. (p.139)

第9章　電磁気法則の共変性
—4元ポテンシャル表示 —

1　はじめに

　第7章の論文「電磁気法則の共変性」においては, 3元ベクトル場で表示された電磁場のマクスウェル方程式に対して, 特殊ローレンツ変換の下での共変性を要請して, 3元ベクトル場の変換式 (共変条件式) を求め, さらに電磁場のテンソル場表示を導入して, 電磁場の共変性がテンソル場のテンソル性に他ならないことを確認しました.

　このテンソル場は, 4元ポテンシャルを仲介して導入されており, 電磁場は4元ポテンシャルによっても表現できます. したがって, 4元ポテンシャルにも共変条件が課せられます.

　そこで, この4元ポテンシャルと電磁気法則の共変性との関係について考察してみます.

2　4元ポテンシャルの導入

　まづ, 上記論文の付録2の考察を振り返ります. マクスウェル方程式の一つである $\mathrm{div}\boldsymbol{B} = 0$ より, ある3成分関数 $\boldsymbol{A} = (A_1, A_2, A_3)$ を使って $\boldsymbol{B} = \mathrm{rot}\boldsymbol{A}$ と表せます. これを使えば, もう一つのマクスウェル方程式 $\mathrm{rot}\boldsymbol{E} + \partial\boldsymbol{B}/\partial t = 0$ は, $\mathrm{rot}(\boldsymbol{E} + \partial\boldsymbol{A}/\partial t) = 0$ となりますから, ある1成分関数 ϕ を用いて $\boldsymbol{E} + \partial\boldsymbol{A}/\partial t = -\mathrm{grad}\phi$ と書けます. つまり, 微分可能な関数 $\{\phi, A_1, A_2, A_3\}$ を用いて, 電場 $\boldsymbol{E}$ と磁束密度 $\boldsymbol{B}$ を

$$E = -\mathrm{grad}\phi - \frac{\partial\boldsymbol{A}}{\partial t} \quad , \quad \boldsymbol{B} = \mathrm{rot}\boldsymbol{A} \tag{2.1}$$

と表わすことができます. ここで導入された $\{\phi, \boldsymbol{A}\}$ を用いて $(A_0, A_1, A_2, A_3) := (-\phi/c, \boldsymbol{A})$ で定義される4成分の物理量が4元ポテンシャルです. 4元座標 $(x^0, x^1, x^2, x^3) := (ct, x, y, z)$ を用いれば, (2.1) は

$$E_x = c\left(\frac{\partial A_0}{\partial x^1} - \frac{\partial A_1}{\partial x^0}\right) \quad , \quad B_x = \frac{\partial A_3}{\partial x^2} - \frac{\partial A_2}{\partial x^3} \tag{2.2}$$

$$E_y = c\left(\frac{\partial A_0}{\partial x^2} - \frac{\partial A_2}{\partial x^0}\right) \quad , \quad B_y = \frac{\partial A_1}{\partial x^3} - \frac{\partial A_3}{\partial x^1} \tag{2.3}$$

$$E_z = c\left(\frac{\partial A_0}{\partial x^3} - \frac{\partial A_3}{\partial x^0}\right) \quad , \quad B_z = \frac{\partial A_2}{\partial x^1} - \frac{\partial A_1}{\partial x^2} \tag{2.4}$$

となりますから, 4元ポテンシャルの4元回転を用いて

$$f_{\mu\nu} := \partial_\mu A_\nu - \partial_\nu A_\mu = \frac{\partial A_\nu}{\partial x^\mu} - \frac{\partial A_\mu}{\partial x^\nu} \tag{2.5}$$

と定義すれば $f_{\mu\nu} = -f_{\nu\mu}$ であり, (2.2)〜(2.4) は

$$E_x = cf_{10} \quad , \quad B_x = f_{23} \tag{2.6}$$

$$E_y = cf_{20} \quad , \quad B_y = f_{31} \tag{2.7}$$

$$E_z = cf_{30} \quad , \quad B_z = f_{12} \tag{2.8}$$

101

と表されます. 一方, 慣性系 $S(x, y, z, t)$ に対して一定の相対速度 $(V, 0, 0)$ をもつ慣性系 $S'(x', y', z', t')$ においては, $\{\boldsymbol{E}, \boldsymbol{B}\}$ はローレンツ変換

$$
\begin{aligned}
x' &= \gamma\,(x - \beta ct) \\
y' &= y \quad, \quad z' = z \\
ct' &= \gamma\,(ct - \beta x)
\end{aligned}
$$

により [1]

$$
B'_x = B_x \;\;,\;\; B'_y = \gamma\left(B_y + \frac{VE_z}{c^2}\right) \;\;,\;\; B'_z = \gamma\left(B_z - \frac{VE_y}{c^2}\right) \tag{2.9}
$$

$$
E'_x = E_x \;\;,\;\; E'_y = \gamma\,(E_y - VB_z) \;\;,\;\; E'_z = \gamma\,(E_z + VB_y) \tag{2.10}
$$

のように変換されます. ここに, c は真空内の光の速さであり, $\gamma := 1/\sqrt{1 - (V/c)^2}, \beta := V/c$ としています.

これらに (2.6)~(2.8) を代入すれば

$$
(f_{10})' = f_{10} \;\;,\;\; (f_{23})' = f_{23} \tag{2.11}
$$

$$
(f_{20})' = \gamma(f_{20} - \beta f_{12}) \;\;,\;\; (f_{30})' = \gamma(f_{30} - \beta f_{13}) \tag{2.12}
$$

$$
(f_{12})' = \gamma(f_{12} - \beta f_{20}) \;\;,\;\; (f_{13})' = \gamma(f_{13} - \beta f_{30}) \tag{2.13}
$$

この変換式は, $\{f_{\mu\nu}\}$ の共変テンソル性

$$
(f_{\mu\nu})' = \frac{\partial x^\rho}{\partial x'^\mu}\frac{\partial x^\sigma}{\partial x'^\nu} f_{\rho\sigma} \tag{2.14}
$$

を意味しています. (反対称性により, 独立な条件式は 6 個です)

つぎに, これらの変換式 (2.11)~(2.13) に $\{f_{\mu\nu}\}$ の表式 (2.5) を代入して, (A_μ) の変換式を計算してみます.

3 4元ポテンシャルのローレンツ変換式

(2.5) を変換式 (2.11)~(2.13) に代入して (A_μ) のローレンツ変換式を求めます. まづ, (2.11) の第一式から

$$
\partial'_1 A'_0 - \partial'_0 A'_1 = \partial_1 A_0 - \partial_0 A_1 \tag{3.1}
$$

ローレンツ変換により, $\partial'_1 = \gamma(\partial_1 + \beta \partial_0)$ および $\partial'_0 = \gamma(\partial_0 + \beta \partial_1)$ となりますから

$$
\partial_0(\gamma\beta A'_0 - \gamma A'_1 + A_1) + \partial_1(\gamma A'_0 - \gamma\beta A'_1 - A_0) = 0 \tag{3.2}
$$

---

[1] 文献 [1] §3.2 式 (3.32),(3.33) 参照

同様の計算で（2.11）の第2式および (2.12),(2.13) の各式から, 以下の微分方程式が得られます.

$$\partial_2(A_3' - A_3) - \partial_3(A_2' - A_2) = 0 \tag{3.3}$$

$$-\gamma(\partial_0 + \beta\partial_1)(A_2' - A_2) + \partial_2(A_0' - \gamma A_0 - \gamma\beta A_1) = 0 \tag{3.4}$$

$$-\gamma(\partial_0 + \beta\partial_1)(A_3' - A_3) + \partial_3(A_0' - \gamma A_0 - \gamma\beta A_1) = 0 \tag{3.5}$$

$$\gamma(\partial_1 + \beta\partial_0)(A_2' - A_2) + \partial_2(-A_1' + \gamma A_1 + \gamma\beta A_0) = 0 \tag{3.6}$$

$$\gamma(\partial_1 + \beta\partial_0)(A_3' - A_3) + \partial_3(-A_1' + \gamma A_1 + \gamma\beta A_0) = 0 \tag{3.7}$$

ここで φ_μ を任意関数として, 関数 $\phi_\mu := \beta\varphi_\mu$ を以下のように定義します. [2]

$$A_k' - A_k \ := \ \phi_k \quad (k = 2, 3) \tag{3.8}$$

$$A_0' - \gamma(A_0 + \beta A_1) \ := \ \phi_0 \tag{3.9}$$

$$A_1' - \gamma(A_1 + \beta A_0) \ := \ \phi_1 \tag{3.10}$$

これらを使えば, 共変条件 (3.3)〜(3.7) は

$$\partial_2\phi_3 \ = \ \partial_3\phi_2 \tag{3.11}$$

$$\partial_k\phi_0 \ = \ \partial_0'\phi_k \quad (k = 2, 3) \tag{3.12}$$

$$\partial_k\phi_1 \ = \ \partial_1'\phi_k \quad (k = 2, 3) \tag{3.13}$$

(3.2),(3.9) および (3.10) から A_0', A_1' を消去すると, A_0, A_1 を含む項も打ち消されて

$$\partial_1(\phi_0 - \beta\phi_1) = \partial_0(\phi_1 - \beta\phi_0) \tag{3.14}$$

そして, (3.12),(3.13) を $\partial_0\phi_k, \partial_1\phi_k$ の連立方程式として解けば

$$\partial_0\phi_k \ = \ \gamma\partial_k(\phi_0 - \beta\phi_1) \tag{3.15}$$

$$\partial_1\phi_k \ = \ \gamma\partial_k(\phi_1 - \beta\phi_0) \tag{3.16}$$

と表されます. (3.11),(3.14)〜(3.16) が, 4元ポテンシャルに対する共変条件ということになります.

ローレンツ変換後のポテンシャルは, これらの共変条件つきの関数 ϕ_μ を用いて

$$A_0' \ = \ \gamma(A_0 + \beta A_1) + \phi_0 \tag{3.17}$$

$$A_1' \ = \ \gamma(A_1 + \beta A_0) + \phi_1 \tag{3.18}$$

$$A_2' \ = \ A_2 + \phi_2 \tag{3.19}$$

$$A_3' \ = \ A_3 + \phi_3 \tag{3.20}$$

となり, 逆変換式は以下のようになります.

$$A_0 \ = \ \gamma(A_0' - \beta A_1' + \beta\phi_1 - \phi_0) \tag{3.21}$$

$$A_1 \ = \ \gamma(A_1' - \beta A_0' + \beta\phi_0 - \phi_1) \tag{3.22}$$

$$A_2 \ = \ A_2' - \phi_2 \tag{3.23}$$

$$A_3 \ = \ A_3' - \phi_3 \tag{3.24}$$

---

[2] $\phi_\mu = \beta\varphi_\mu$ とするのは, $V = 0$ の場合の関係式 $A_\mu' = A_\mu$ との整合性のためです

4 ポテンシャル方程式の共変性

4.1 ポテンシャル方程式の導出

4元ポテンシャル (A_μ) は, (2.1) により導入されました. そこで, $(A^\mu) := (-A_0, A_1, A_2, A_3) = (\phi/c, \boldsymbol{A})$ により上付き添字の量を導入すると, $\boldsymbol{E} = -c(\mathrm{grad}A^0 + \partial_0\boldsymbol{A})$, $\boldsymbol{B} = \mathrm{rot}\boldsymbol{A}$ と表されますから, これらをマクスウェル方程式の残りの二式

$$\mathrm{div}\boldsymbol{E} = \frac{\rho}{\epsilon_0} \quad , \quad \mathrm{rot}\boldsymbol{B} = \frac{1}{c^2}\frac{\partial \boldsymbol{E}}{\partial t} + \mu_0\boldsymbol{j} \tag{4.1}$$

に代入して, (A^μ) についての方程式を求めます. まづ (4.1) の第2式に $\boldsymbol{B} = \mathrm{rot}\boldsymbol{A}$ を代入して

$$\mathrm{rot}(\mathrm{rot}\boldsymbol{A}) = \frac{1}{c}\partial_0\boldsymbol{E} + \mu_0\boldsymbol{j}$$

左辺は $\mathrm{grad}(\mathrm{div}\boldsymbol{A}) - \Delta\boldsymbol{A}$ と変形され, 右辺は $-\partial_0\mathrm{grad}A^0 - \partial_0^2\boldsymbol{A} + \mu_0\boldsymbol{j}$ となりますから, $\square := \Delta - \partial_0^2$ として

$$\begin{aligned}
\mathrm{grad}(\mathrm{div}\boldsymbol{A} + \partial_0 A^0) &= \Delta\boldsymbol{A} - \partial_0^2\boldsymbol{A} + \mu_0\boldsymbol{j} \\
\text{i.e.} \quad \mathrm{grad}(\partial_\mu A^\mu) &= \square\boldsymbol{A} + \mu_0\boldsymbol{j}
\end{aligned} \tag{4.2}$$

ここで導入された $\square := \Delta - \partial_0^2 = \sum_{i=1}^3 \partial_i^2 - \partial_0^2$ はダランベールシャンと呼ばれ, $\square' = \square$ であることは容易に示されます. つぎに, (4.1) の第1式に $\boldsymbol{E} = -c(\mathrm{grad}A^0 + \partial_0\boldsymbol{A})$ を代入して

$$-\mathrm{div}(\mathrm{grad}A^0 + \partial_0\boldsymbol{A}) = \frac{\rho}{c\epsilon_0}$$

$\mathrm{div}(\mathrm{grad}) = \Delta = \square + \partial_0^2$ ですから

$$\begin{aligned}
\square A^0 + \partial_0^2 A^0 + \mathrm{div}\partial_0\boldsymbol{A} &= -\frac{\rho}{c\epsilon_0} = -\mu_0 c\rho \quad (\because c^2\epsilon_0\mu_0 = 1) \\
\text{i.e.} \quad \square A^0 + \partial_0(\partial_\mu A^\mu) &= -\mu_0 j^0 \quad (\because j^0 = c\rho)
\end{aligned} \tag{4.3}$$

(4.2),(4.3) を変形すると

$$\begin{aligned}
\square A^0 + \mu_0 j^0 &= -\partial_0(\partial_\mu A^\mu) \tag{4.4}\\
\square A^k + \mu_0 j^k &= \partial_k(\partial_\mu A^\mu) \quad (k = 1, 2, 3) \tag{4.5}
\end{aligned}$$

これが, **4元ポテンシャル表示の電磁場方程式**です.

4.2 ポテンシャル方程式の共変性

ポテンシャル方程式 (4.4),(4.5) が, ローレンツ変換によっていかに変換されるかをみるために, まづ $\partial_\mu A^\mu - (\partial_\mu A^\mu)'$ を変形すると

$$\begin{aligned}
\partial_\mu A^\mu - (\partial_\mu A^\mu)' &= -\partial_0 A_0 + \gamma(\partial_0 + \beta\partial_1)A_0' + \partial_1 A_1 - \gamma(\partial_1 + \beta\partial_0)A_1' + \sum_{k=2}^3 \partial_k(A_k - A_k') \\
&= \partial_0(-A_0 + \gamma A_0' - \beta\gamma A_1') + \partial_1(A_1 - \gamma A_1' + \beta\gamma A_0') - \sum_{k=2}^3 \partial_k\phi_k \tag{4.6}
\end{aligned}$$

ここで逆変換式 (3.21),(3.22) を用いて, (4.6) の第 1 項および第 2 項の被微分関数を変形すると

$$-A_0 + \gamma A_0' - \beta \gamma A_1' = \gamma(\phi_0 - \beta\phi_1)$$
$$A_1 - \gamma A_1' + \beta \gamma A_0' = \gamma(\beta\phi_0 - \phi_1)$$

よって, (4.6) は $\gamma\partial_0(\phi_0 - \beta\phi_1) - \gamma\partial_1(\phi_1 - \beta\phi_0) - \sum_{k=2}^{3}\partial_k\phi_k$ となりますから

$$\partial_\mu A^\mu = (\partial_\mu A^\mu)' + \gamma\partial_0(\phi_0 - \beta\phi_1) - \gamma\partial_1(\phi_1 - \beta\phi_0) - \sum_{k=2}^{3}\partial_k\phi_k \tag{4.7}$$

(4.7) とともに, 4 元電流密度ベクトル (j^μ) の変換式

$$j^0 = \gamma(j'^0 + \beta j'^1) \tag{4.8}$$
$$j^1 = \gamma(j'^1 + \beta j'^0) \tag{4.9}$$
$$j^k = j'^k \quad (k = 2,3) \tag{4.10}$$

も以後の計算で用いられます.

さらに (3.21)〜(3.24) も考慮して (4.5) の $k = 2,3$ の場合を計算してみると, 左辺は

$$\Box A^k + \mu_0 j^k = \Box' A'^k - \Box\phi_k + \mu_0 j'^k \tag{4.11}$$

一方, 右辺では $\partial_k' = \partial_k$ に注意して (4.7) を用いると

$$\partial_k(\partial_\mu A^\mu) = \partial_k'(\partial_\mu A^\mu)' + \gamma\partial_0\partial_k(\phi_0 - \beta\phi_1) - \gamma\partial_1\partial_k(\phi_1 - \beta\phi_0) - \sum_{l=2}^{3}\partial_l\partial_k\phi_l \tag{4.12}$$

(4.12) の右辺の第 2,3 項を (3.12),(3.13) により変形すると

$$\gamma\partial_0\partial_k(\phi_0 - \beta\phi_1) = \gamma\partial_0(\partial_0'\phi_k - \beta\partial_1'\phi_k)$$
$$= \gamma^2\partial_0(\partial_0 + \beta\partial_1 - \beta\partial_1 - \beta^2\partial_0)\phi_k$$
$$= \gamma^2(1 - \beta^2)\partial_0^2\phi_k = \partial_0^2\phi_k$$
$$\gamma\partial_1\partial_k(\phi_1 - \beta\phi_0) = \gamma\partial_1(\partial_1'\phi_k - \beta\partial_0'\phi_k)$$
$$= \gamma^2\partial_1(\partial_1 + \beta\partial_0 - \beta\partial_0 - \beta^2\partial_1)\phi_k = \partial_1^2\phi_k$$

そして, 第 4 項は

$$\sum_{l=2}^{3}\partial_l\partial_k\phi_l = \partial_2\partial_k\phi_2 + \partial_3\partial_k\phi_3$$

となりますが, (3.11) を用いると $k = 2,3$ のいづれの場合でも $\partial_2^2\phi_k + \partial_3^2\phi_k$ に等しくなります. これらの計算結果を (4.11) に代入すると

$$\partial_k(\partial_\mu A^\mu) = \partial_k'(\partial_\mu A^\mu)' + \partial_0^2\phi_k - \Delta\phi_k = \partial_k'(\partial_\mu A^\mu)' - \Box\phi_k \tag{4.13}$$

これと (4.11) とを比較すると, $\Box\phi_k$ の項は打ち消されて

$$\Box' A'^k + \mu_0 j'^k = \partial_k'(\partial_\mu A^\mu)' \tag{4.14}$$

つぎに, (4.4) の場合と (4.5) における $k = 1$ の場合を考えます.

変換前の方程式は

$$\Box\, A^0 + \mu_0 j^0 \;=\; -\partial_0(\partial_\mu A^\mu) \tag{4.15}$$

$$\Box\, A^1 + \mu_0 j^1 \;=\; \partial_1(\partial_\mu A^\mu) \tag{4.16}$$

です. (4.15) の場合, $A^0 = -A_0$ に注意して (3.21) を用いれば

$$-\gamma\Box'(A_0' - \beta A_1') - \gamma\Box\,(\beta\phi_1 - \phi_0) + \mu_0 j^0 = -\partial_0(\partial_\mu A^\mu)' - \gamma\partial_0^2(\phi_0 - \beta\phi_1)$$
$$+\gamma\partial_0\partial_1(\phi_1 - \beta\phi_0) + \sum_{l=2}^{3}\partial_0\partial_l\phi_l \tag{4.17}$$

そこで, (3.14) の関係を用いて, (4.17) の右辺第 3 項を変形すると

$$\gamma\partial_0\partial_1(\phi_1 - \beta\phi_0) = \gamma\partial_1^2(\phi_0 - \beta\phi_1) \tag{4.18}$$

さらに, 3 節で示した (3.15) を使うと, (4.17) の右辺第 4 項は

$$\sum_{l=2}^{3}\partial_l\partial_0\phi_l = \gamma(\partial_2^2 + \partial_3^2)(\phi_0 - \beta\phi_1) \tag{4.19}$$

よって (4.17) の右辺は $-\partial_0(\partial_\mu A^\mu)' + \gamma(-\partial_0^2 + \Delta)(\phi_0 - \beta\phi_1) = -\partial_0(\partial_\mu A^\mu)' + \gamma\Box\,(\phi_0 - \beta\phi_1)$
となり, $(\phi_0 - \beta\phi_1)$ を含む項は両辺で打ち消されますから

$$-\gamma\Box'(A_0' - \beta A_1') + \mu_0 j^0 = -\partial_0(\partial_\mu A^\mu)' \tag{4.20}$$

(4.16) の場合も同様にして

$$\gamma\Box'(A_1' - \beta A_0') + \mu_0 j^1 = \partial_1(\partial_\mu A^\mu)' \tag{4.21}$$

(4.20),(4.21) を $\Box' A_0'$ および $\Box' A_1'$ の連立方程式として解けば

$$\Box' A_0' + \mu_0 j'^0 \;=\; -\partial_0'(\partial_\mu A^\mu)' \tag{4.22}$$

$$\Box' A_1' + \mu_0 j'^1 \;=\; \partial_1'(\partial_\mu A^\mu)' \tag{4.23}$$

なお, この計算では (j^μ) のローレンツ変換式 (4.8)〜(4.10) を用いています.

(4.14), (4.22) および (4.23) より, **ポテンシャル方程式は共変的である**ことがわかります.

5 ゲージ変換と共変性

ポテンシャル A_μ について, $\bar{A}_\mu := A_\mu + \partial_\mu\lambda$ なる変換をゲージ変換とよびます. この変換後のポテンシャル $\bar{A}_\mu$ は, 第 2 節の (2.1) により同一の電磁場を表しますから, $\bar{A}_\mu$ も共変的なものでなければなりません.

そこでまづ, ゲージ変換関数 λ の共変条件を解明します.

5.1 ゲージ変換関数 λ の共変条件

ゲージ変換後の 4 元ポテンシャル $\bar{A}_\mu = A_\mu + \partial_\mu \lambda$ が共変性を有するなら, $\bar{A}_\mu$ は条件式 (3.17)〜(3.20) を満足しますから, $\phi_\mu = \beta \varphi_\mu$ を共変条件を満足する任意関数として

$$\bar{A}'_0 = \gamma(\bar{A}_0 + \beta \bar{A}_1) + \phi_0 \tag{5.1}$$

$$\bar{A}'_1 = \gamma(\bar{A}_1 + \beta \bar{A}_0) + \phi_1 \tag{5.2}$$

$$\bar{A}'_k = \bar{A}_k + \phi_k \quad (k = 2, 3) \tag{5.3}$$

$\bar{A}'_\mu = A'_\mu + \partial'_\mu \lambda(x'^\sigma) := A'_\mu + \partial'_\mu \lambda'$ と表せますから, 条件式 (5.1),(5.2) より

$$A'_0 = \gamma(A_0 + \beta A_1) + \phi_0 - \partial'_0(\lambda' - \lambda) \tag{5.4}$$

$$A'_1 = \gamma(A_1 + \beta A_0) + \phi_1 - \partial'_1(\lambda' - \lambda) \tag{5.5}$$

そして (5.3) より, $A'_k + \partial'_k \lambda' = A_k + \partial_k \lambda + \phi_k$ ですから, $\partial'_k = \partial_k$ に注意すると

$$\partial_k(\lambda' - \lambda) = -A'_k + A_k + \phi_k \quad (k = 2, 3) \tag{5.6}$$

が得られます.

そこで, $\partial'_0 = \gamma(\partial_0 + \beta \partial_1), \partial'_1 = \gamma(\partial_1 + \beta \partial_0)$ を用いて, (5.4),(5.5) から $\partial_0(\lambda' - \lambda)$ および $\partial_1(\lambda' - \lambda)$ を求めると

$$\partial_0(\lambda' - \lambda) = \gamma(\beta A'_1 - A'_0 + \phi_0 - \beta \phi_1) + A_0 \tag{5.7}$$

$$\partial_1(\lambda' - \lambda) = \gamma(\beta A'_0 - A'_1 + \phi_1 - \beta \phi_0) + A_1 \tag{5.8}$$

仮定により, (A_μ) は共変的ですから $p_\mu = \beta \sigma_\mu$ を共変条件を満足する任意関数 として

$$A'_0 = \gamma(A_0 + \beta A_1) + p_0 \tag{5.9}$$

$$A'_1 = \gamma(A_1 + \beta A_0) + p_1 \tag{5.10}$$

$$A'_k = A_k + p_k \quad (k = 2, 3) \tag{5.11}$$

これらを用いると $\gamma(\beta A'_1 - A'_0) = -A_0 + \gamma(\beta p_1 - p_0), \gamma(\beta A'_0 - A'_1) = -A_1 + \gamma(\beta p_0 - p_1)$ と変形できますから, (5.6)〜(5.8) は下記のようになります.

$$\partial_0(\lambda' - \lambda) = \gamma(\beta(p_1 - \phi_1) - (p_0 - \phi_0)) := \gamma(\beta \psi_1 - \psi_0) \tag{5.12}$$

$$\partial_1(\lambda' - \lambda) = \gamma(\beta(p_0 - \phi_0) - (p_1 - \phi_1)) = \gamma(\beta \psi_0 - \psi_1) \tag{5.13}$$

$$\partial_k(\lambda' - \lambda) = \phi_k - p_k := -\psi_k \quad (k = 2, 3) \tag{5.14}$$

ここでは, $\psi_\mu := p_\mu - \phi_\mu = \beta(\sigma_\mu - \varphi_\mu)$ と定義しています.

これらの両辺に偏微分演算子を作用させると

$$\partial_0^2(\lambda' - \lambda) = \gamma \partial_0(\beta \psi_1 - \psi_0) \tag{5.15}$$

$$\partial_1^2(\lambda' - \lambda) = \gamma \partial_1(\beta \psi_0 - \psi_1) \tag{5.16}$$

$$\partial_k^2(\lambda' - \lambda) = -\partial_k \psi_k \quad (k = 2, 3) \tag{5.17}$$

従って,

$$(\Delta - \partial_0^2)(\lambda' - \lambda) = -\gamma\partial_0(\beta\psi_1 - \psi_0) + \gamma\partial_1(\beta\psi_0 - \psi_1) - \sum_{k=2}^{3}\partial_k\psi_k \tag{5.18}$$

これと 4.2 節の式 (4.7) を比較すると, (ψ_μ) と (ϕ_μ) とはまったく同一の共変条件を満たしていますから, (5.18) の右辺は $\partial_\mu A^\mu - (\partial_\mu A^\mu)' = D - D'$ に等しくなります. (ただし, $\partial_\mu A^\mu := D$ と表しています)

よって, λ の共変条件は

$$\Box(\lambda' - \lambda) = D - D' \tag{5.19}$$

なお $\Box' = \Box$ を用いて, 条件式 (5.19) を変形すれば $\Box'\lambda' + D' = \Box\lambda + D$ となりますから, $\Box\lambda + D$ がローレンツ変換で不変であることがわかります.

特に, 4 元ポテンシャルが 4 元ベクトルの場合には, (5.12)〜(5.14) より $\partial_\mu(\lambda' - \lambda) = 0$ となりますから, $\lambda' - \lambda = \text{const.}$ となり, (5.19) により $D' = D$ が得られます.

5.2　ゲージ条件

まづ, 4 元ポテンシャルの 4 元発散および 4 元回転が, ゲージ変換により いかに変換されるかを考えます. (A_μ) の 4 元回転を $f_{\mu\nu} := \partial_\mu A_\nu - \partial_\nu A_\mu$ とすると, ゲージ変換後の回転 $\bar{f}_{\mu\nu}$ は

$$\begin{aligned}\bar{f}_{\mu\nu} = \partial_\mu \bar{A}_\nu - \partial_\nu \bar{A}_\mu &= \partial_\mu(A_\nu + \partial_\nu\lambda) - \partial_\nu(A_\mu + \partial_\mu\lambda) \\ &= \partial_\mu A_\nu - \partial_\nu A_\mu = f_{\mu\nu}\end{aligned} \tag{5.20}$$

これは, 電磁場がゲージ変換で不変であることを示しています. (式 (2.6)〜(2.8) 参照)

次に, (A^μ) の 4 元発散を $D := \partial_\mu A^\mu$ として, ゲージ変換後の発散を $\bar{D}$ とすれば,

$$\begin{aligned}\bar{D} = -\partial_0 \bar{A}_0 + \sum_{k=1}^{3}\partial_k \bar{A}_k &= -\partial_0(A_0 + \partial_0\lambda) + \sum_{k=1}^{3}\partial_k(A_k + \partial_k\lambda) \\ &= \partial_\mu A^\mu + (\Delta - \partial_0^2)\lambda = D + \Box\lambda\end{aligned} \tag{5.21}$$

特に, $\bar{D} = 0$ を要請する条件が**ローレンツゲージ条件**で, この場合は $\Box\lambda + D = 0$ でなければなりません. このとき, 前節の共変条件 (5.19) よりローレンツ変換後もローレンツゲージ条件が成り立ちます. つまり, 共変的なゲージ変換においては, すべての慣性系でローレンツゲージ条件を適用することができることになります.

なお, ローレンツゲージ条件を満足するポテンシャルの場合は, ゲージ変換後の方程式 (4.4), (4.5) の右辺は 0 となります.

また, $\sum_{k=1}^{3}\partial_k \bar{A}^k = 0$ を要請する**クーロンゲージ条件**の場合には, $\Delta\lambda = -\text{div}\boldsymbol{A}$ となります. この場合には, 条件式 $\Delta\lambda = -\text{div}\boldsymbol{A}$ がローレンツ変換に対して共変的ではありませんから, すべての共変的なゲージ変換が無条件にクーロンゲージ条件を満足するわけではありません.

6 おわりに

　電磁場 $\{E, B\}$ の共変条件はポテンシャル場へも反映されますが，それは**共変条件を満たす任意関数**の付随した形のものであり，4元ポテンシャル場は4元ベクトル場とは限らないことが，第3節で明らかになりました．

　しかし，ポテンシャル (A^μ) のベクトル性に関わり無く，ポテンシャル方程式は共変的であることが§4で示されました．第1章の考察も含めると，電磁気法則はベクトル場，テンソル場，ポテンシャル場によって表示され，それぞれの場に対応する共変条件の下で共変性を有することがわかります．

参考文献

[1] W. パウリ 著　内山龍雄 訳「相対性理論」 講談社 (1979 年)
　　§27 「電荷の不変性，4元電流密度」(p.135〜p.137) において，4元電流密度の4元ベクトル性についてのゾンマーフェルトの証明が紹介されています．

第１０章　ローレンツ変換へのコメント

1　はじめに

　物理学では, 「自然現象の背後にある３次元真空内のいかなる領域も均一な性質をもち, 時間の起点は任意に設定できる」と考えます. これが**「時空の一様性および空間の等方性原理」**です. これにより, 空間の基準原点および基準方向は任意に選択できますから, 座標系を平行移動したり回転 (または反転) したりしても, 物理法則は正しく記述できると考えられます. ただし, この変換前後の座標系で表した法則数式の形は一般には変化します.

　一方, ある座標系 S に対して相対運動している (平行移動中や回転中の) 系 S′ を想定して, 両系の座標の関係を問題にすることも考えられます. そして, 「相対運動している座標系 S および S′ において表現された物理法則の数式形式は同型である」という考え方が, **相対性原理**です.

　座標系の中で, 外力を加えない限り 等速直線運動が持続するものを, **慣性系**とよびます. そして, この慣性系の間の相対性原理が**特殊相対性原理**です. この原理を指導理念として, 物理法則を解析する特殊相対性理論を語る上では, 相対運動する二つの慣性系の座標を結びつける**ローレンツ変換**の説明が, まず求められます.

　このローレンツ変換の導出については, 多様な論法が展開されていますが, それらの議論は上記の「時空の一様性および空間の等方性原理」と「特殊相対性原理」に加えて**「光速度不変の原理」**を根拠としています. ここでは, それらの論述を参考にして, つぎの２点について掘り下げてみたいと思います.

[1] 相対運動方向に垂直な座標軸の変換性
[2] ローレンツ変換群

2　ローレンツ変換の概要

　まず光速度不変の原理により, すべての慣性系において真空内の光の速さは同一ですから, これを c とします. この定数 c を使って, 慣性系 S のミンコフスキー座標系を $(x^0, x^1, x^2, x^3) := (ct, x, y, z)$ とし, 慣性系 S′ の座標系は $(x'^0, x'^1, x'^2, x'^3) := (ct', x', y', z')$ とします. ただし, 空間座標系 (x^1, x^2, x^3) は**右手直交系**であり, 座標軸 x'^k と x^k は同じ向きに平行とします. さらに, 両系の相対運動速度の向きと x^1 軸の向きとが一致しているものとすれば, 相対運動速度は $(V, 0, 0)$ となります (V は実定数).

　このように設定したときの両系の座標 $\{x'^\mu\}$ と $\{x^\mu\}$ との関係式を求めたいわけですが, それは一次代数式となります. なぜなら, 慣性系 S′ の x'^k 軸方向に等速直線運動する物体は, 慣性系 S から観ると $(x'^k$ 軸に平行な$)x^k$軸 方向に等速直線運動しているはずですから, 位置と時間の関係式 $x'^k = a'_k x^0 + b'_k$ に対して常に $x^k = a_k x^0 + b_k$ の形の関係式が成り立たなければなりません. ($k = 1, 2, 3$) このことから, 変換式 $x'^\mu = f_\mu(x^\sigma)$ は一次式でなければなりません. したがって変換行列を $L = (L^\mu_\nu)$ として, $x'^\mu = L^\mu_\nu x^\nu + K^\mu$ のように表されますが, 時空の一様性により両慣性系の原点は, はじめに一致していたとしても一般性に問題はありません. よって $K^\mu = 0$ とおいて,

つぎのような変換式を考えることにします.

$$x'^\mu = L^\mu_\nu x^\nu \tag{2.1}$$

変換係数 L^μ_ν の決定に当たり, まづ S' 系の原点 O' に注目します. S' 系から観測すると, O' は静止していますから, その空間座標は $x'^k = 0 \ (k = 1, 2, 3)$ ですが, これを S 系から観れば x^1 方向に速さ V で移動していますから, $x^1 = Vt = \beta x^0, x^2 = x^3 = 0$ と表されます.(ただし $\beta := V/c$)

これらの値を（2.1）に代入すると,

$$
\begin{aligned}
L^i_0 x^0 + L^i_1 \beta x^0 = x'^i &= 0 \\
\text{i.e.} \quad (L^i_0 + \beta L^i_1)x^0 &= 0 \qquad (i = 1, 2, 3)
\end{aligned}
\tag{2.2}
$$

関係式 (2.2) が常に成り立つためには, 係数がすべて 0 でなければなりませんから,

$$L^i_0 = -\beta L^i_1 \qquad (i = 1, 2, 3) \tag{2.3}$$

そして次節で示すように, 相対運動方向に直交する座標値 x^2, x^3 は不変ですから, L はつぎのようになります.

$$
L = \begin{pmatrix}
L^0_0 & L^0_1 & L^0_2 & L^0_3 \\
L^1_0 & L^1_1 & L^1_2 & L^1_3 \\
0 & 0 & 1 & 0 \\
0 & 0 & 0 & 1
\end{pmatrix}
\tag{2.4}
$$

L の第 1 行および第 2 行要素の決定のために, 光信号の伝播について「光速度不変の原理」を加味した関係式

$$\sum_{i=1}^{3}(x'^i)^2 - (x'^0)^2 = \sum_{i=1}^{3}(x^i)^2 - (x^0)^2 = 0 \tag{2.5}$$

を適用します.

行列要素決定の詳細については付録 1 に記してあります.

3　相対運動に直交する座標軸の変換性

上記のローレンツ変換論で行列 (2.4) を導く際に, x^2 軸および x^3 軸 の座標値の不変性を前提として推論しています. この不変性を根拠づける説明として, 以下のようなものがあります.

[**説明 1**]　x^2 軸について, 相対速度の大きさ V に依存する定数 $\kappa(V)$ を用いて,

$$x'^2 = \kappa(V)x^2 \tag{♯}$$

の形に表されることを示します. この定数 $\kappa(V)$ は x^2 軸方向の長さの変換比とみられますから正値であり, それは空間の等方性により相対運動の向きには依存しないと考えられます. すなわち,

$\kappa(-V) = \kappa(V)$ が成り立ちます. 一方, 座標の変換と逆変換とを合成すれば元の座標系にもどりますから, 関係式 $\kappa(V)\kappa(-V) = 1$ が得られます. 以上により, $\kappa(V) = 1$ と結論されます. x^3 軸についてもまったく同様の議論が成り立ちます.

そして, 関係式 (♯) の説明としては, つぎのようなものがあります.

[1-1] (文献 [2] 参照)

変換式は同次一次式ですから

$$x'^j = A_\nu^j x^\nu \qquad (j = 2, 3)$$

と書けます. ところが, 両慣性系の初期設定および相対運動の設定から, x^1軸と x^2軸 の張る平面 (これを x^1x^2 面とします) と $x'^1x'^2$ 面は同一平面上にありますから, $x'^3 = 0$ なら $x^3 = 0$ です. そして, x^1x^3 面と $x'^1x'^3$ 面も同一平面上にありますから, $x'^2 = 0$ なら $x^2 = 0$ となります. これらの値を (♯♯) に代入すると

$$A_0^2 x^0 + A_1^2 x^1 + A_3^2 x^3 = x'^2 = \quad 0 \qquad (*)$$

$$A_0^3 x^0 + A_1^3 x^1 + A_2^3 x^2 = x'^3 = \quad 0 \qquad (**)$$

この二つの関係式が常に成立するためには, すべての係数 (A_ν^j) が 0 でなければなりません.(ただし $j \neq \nu$) したがって, (♯♯) において A_j^j 以外は 0 ですから, $\kappa(j) := A_j^j$ として $x'^j = \kappa(j)x^j$ が得られます.$(j = 2, 3)$ これは, (♯) の形の式となっています.[1]

[1-2] (文献 [3] 参照)

S' 系で x'^2 が一定値 (η') の平面を想定してこれを S 系から観測すると, 等速度 $(V, 0, 0)$ で移動していますから, やはり x^2 が一定値 (η) の平面として認識されると考えられます. 両者のスケール比を, 相対速度の大きさ V に依存する定数 $\kappa(V)$ とすれば, $\eta' := \kappa(V)\eta$ とおけます. x^3 座標についても全く同様の推論ができます.

[説明 2]

変換 (2.1) において, 両慣性系の空間座標軸は**同じ向きに平行**ですから, x'^2 軸上の 3 次元位置ベクトル $(0, x'^2, 0)$ は, x^2 軸上の 3 次元位置ベクトル $(0, x^2, 0)$ のスカラー $(\alpha > 0)$ 倍です. よって第 2 成分について

$$x'^2 = \alpha x^2 \qquad (3.1)$$

(3.1) の両辺を x^0 で偏微分すると, 左辺は (2.1) より

$$\frac{\partial x'^2}{\partial x^0} = L_0^2 \qquad (3.2)$$

です. 一方, 右辺は $x^2 \partial \alpha / \partial x^0$ ですから,

$$L_0^2 = x^2 \partial \alpha / \partial x^0 \qquad (3.3)$$

L_0^2 は定数で, しかも α は空間変数を含みませんから, (3.3) が任意の x^2 について成り立つためには, $L_0^2 = 0$ かつ $\partial \alpha / \partial x^0 = 0$ でなければなりません. つまり, スカラー α は時間座標に依存しま

---

[1]ここで考えている変換は相対速度で特徴づけられていますから, 係数 $\kappa(j)$ は当然相対速度 V に依存します. しかし, 空間の等方性により V の方向にはよらずその大きさ V のみに依存すると考えるべきです. なお変換係数が V に依存することは, ガリレー変換式から　　も予想されます

せん. 特に $x^0 = 0$ のときは, 両慣性系は一致していましたから $\alpha = 1$ となり, 常に $x'^2 = x^2$ が成り立つことになります. このとき, $L^2_0 = 0$ は自動的に満たされます. x^3 軸についてもまったく同様ですから, x^2, x^3 座標は不変です.[2] [説明2 終]

[説明3]

付録2で示している「世界間隔の不変性」を適用して説明します. そのために, S' 系の y' 軸に固定された長さ l' の棒を想定します. (図1 の O'(0)P'(0))

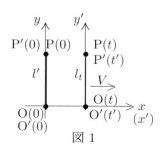

図 1

この棒を S 系から観測すると, x 軸に垂直な状態で速さ V で進行して t 秒後には O(t)P(t) の状態になります. このときの棒の長さを l_t とすると, ミンコフスキー空間における棒の両端 O(t), P(t) の座標はそれぞれ $(ct, Vt, 0, 0)$ および $(ct, Vt, l_t, 0)$ です. よってこの2点の世界間隔は $s = l_t$ です. 一方 S' 系では棒は固定されていますから, O(t), P(t) に対応する点を O'(t'), P'(t') とすると, それぞれの座標は $(ct', 0, 0, 0)$ および $(ct', 0, l', 0)$ ですから, この2点の世界間隔は $s' = l'$ です. 付録2 で示した [法則] により慣性系間の同次一次変換で結ばれた世界間隔は不変ですから $l_t = l'$ となり,

相対運動に直交する y 軸方向の座標は不変であることになります. z 軸方向についても, 同様です. [説明3 終]

第2節で考察した慣性系では, 相対速度が一つの空間軸に平行でした. このような場合の座標変換は, **特殊ローレンツ変換**とよばれます.

ところで付録2の [法則] によれば, 座標変換 (2.1) において ミンコフスキー空間の世界間隔は不変に保たれます. つまり, 慣性系の間の座標変換は「世界間隔を不変にする変換」でなければなりません. そこで, この「世界間隔の不変性」と「変換行列の特性」との関係について, 次節で考察します.

4 ローレンツ変換群

S 系の原点と世界点 (x^μ) との世界間隔の平方は $\sum_{i=1}^{3}(x^i)^2 - (x^0)^2$ であり, S' 系では $\sum_{i=1}^{3}(x'^i)^2 - (x'^0)^2$ ですから, 世界間隔の不変性は

$$\sum_{i=1}^{3}(x'^i)^2 - (x'^0)^2 = \sum_{i=1}^{3}(x^i)^2 - (x^0)^2 \tag{4.1}$$

と表されます. そこで, 変換式 (2.1) の x'^μ を (4.1) の左辺に代入して, $x^\mu x^\nu$ の係数を比較すれば

---

[2] x^1 軸と x'^1 軸も同じ向きに平行ですが, もし x^1 座標が不変であるとすると, 条件式 (2.3) から導かれる関係式

$$x'^1 = L^1_1(-\beta x^0 + x^1) + L^1_2 x^2 + L^1_3 x^3 \tag{†}$$

の左辺は x^1 に等しくなりますから, 独立変数 $\{x^\mu\}$ の間に $-\beta L^1_1 x^0 + (L^1_1 - 1)x^1 + L^1_2 x^2 + L^1_3 x^3 = 0$ が成り立ち, $L^1_1 = 0$ かつ $L^1_1 = 1$ となり不合理です. よって, x^1 座標は変換されます. そして, 絶対時間が存在しませんから, 時間座標 x^0 も不変ではあり得ません.

$$\sum_{i=1}^{3}(L_0^i)^2 - (L_0^0)^2 = -1 \tag{4.2}$$

$$\sum_{i=1}^{3}(L_l^i)^2 - (L_l^0)^2 = 1 \quad (l=1,2,3) \tag{4.3}$$

$$\sum_{i=1}^{3}L_\lambda^i L_\mu^i - L_\lambda^0 L_\mu^0 = 0 \quad (\lambda > \mu) \tag{4.4}$$

という 10 個の関係式が得られます. ここで行列 L に対して $\bar{L}$ を

$$\bar{L} := \begin{pmatrix} -L_0^0 & L_0^1 & L_0^2 & L_0^3 \\ -L_1^0 & L_1^1 & L_1^2 & L_1^3 \\ -L_2^0 & L_2^1 & L_2^2 & L_2^3 \\ -L_3^0 & L_3^1 & L_3^2 & L_3^3 \end{pmatrix} \tag{4.5}$$

と定義すると, 上記の関係式 (4.2)〜(4.4) は

$$\bar{L}L = \begin{pmatrix} -1 & 0 & 0 & 0 \\ 0 & 1 & 0 & 0 \\ 0 & 0 & 1 & 0 \\ 0 & 0 & 0 & 1 \end{pmatrix} \tag{4.6}$$

と表されます. $\bar{L}$ は転置行列の第一列の符号を反転させたもので, その行列要素は符号関数 $\epsilon(\xi)$ を用いて

$$\bar{L}_\nu^\mu = \epsilon(\nu)L_\mu^\nu \tag{4.7}$$

と表せます. (ただし $\epsilon(0) = -1, \epsilon(\xi \neq 0) = 1$ とします) そして, その行列式は L^t を転置行列として

$$\begin{aligned} \det(\bar{L}) &= \sum_{(j_0 j_1 j_2 j_3)} \sigma(j_0 j_1 j_2 j_3) \bar{L}_{j_0}^0 \bar{L}_{j_1}^1 \bar{L}_{j_2}^2 \bar{L}_{j_3}^3 \\ &= \sum_{(j_0 j_1 j_2 j_3)} \sigma(j_0 j_1 j_2 j_3) \epsilon(0) L_0^{j_0} \epsilon(1) L_1^{j_1} \epsilon(2) L_2^{j_2} \epsilon(3) L_3^{j_3} \\ &= -\det(L^t) = -\det(L) \end{aligned} \tag{4.8}$$

となります.[3] (4.6) より, $\det(\bar{L})\det(L) = \det(\bar{L}L) = -1$ ですから, (4.8) を考慮すれば $(\det(L))^2 = (\det(\bar{L}))^2 = 1$ となり, $\det(L) = \pm 1, \det(\bar{L}) = \mp 1$ が得られます.

ここで (4.5) で導入した $\bar{L}$ を L の**擬転置行列**とよぶことにします. この擬転置行列を含む行列演算規則のいくつかをまとめておきます. A, B を任意の行列とし, I を単位行列とするとき

$$\overline{(AB)} = B^t \bar{A} \tag{4.9}$$

$$\overline{(I)} = I \quad , \quad (\bar{I})^t = \bar{I} \tag{4.10}$$

$$\bar{I}A = (\bar{A})^t \quad , \quad A\bar{I} = \overline{(A^t)} \tag{4.11}$$

---

[3] $(j_0 j_1 j_2 j_3)$ が偶置換 (奇置換) のとき, $\sigma(j_0 j_1 j_2 j_3) = +1(-1)$

これらの関係式は, 表式 (4.7) を用いて両辺の行列要素を比較すれば, 容易に確かめられます.

4 行 4 列の行列のうち, 条件式 (4.6) を満たすものの集合を G とします. そこでまづ, 実数行列の積については結合法則が成り立っていることに注意します. また, 単位行列 I については $\bar{I}$ は式 (4.6) の右辺に等しいですから, 条件式 (4.6) は $\bar{L}L = \bar{I}$ と書けます. そして $\bar{I}I = \bar{I}$ ですから, I も G に含まれます.

つぎに L, M を G に属する行列とすると, これらの積 (LM) や逆行列 L^{-1} も G に属します.

[証明] まず, $(\overline{LM})(LM) = \bar{I}$ であることを示します. (4.9) より, $\overline{LM} = M^t\bar{L}$ ですから

$$
\begin{aligned}
(\overline{LM})(LM) = (M^t\bar{L})(LM) &= M^t(\bar{L}L)M \\
&= M^t\bar{I}M \\
&= M^t(\bar{M})^t \quad (\because (4.11) \text{ の第 1 式}) \\
&= (\bar{M}M)^t \\
&= (\bar{I})^t = \bar{I}
\end{aligned}
\tag{4.12}
$$

(4.12) は, $LM \in G$ を意味します.

つぎに, $L^{-1} \in G$ であることを示します. 定義により, $L^{-1}L = I$ ですから両辺の擬転置行列を作ると

$$
\overline{(L^{-1}L)} = \bar{I}
\tag{4.13}
$$

左辺は, (4.9) を適用して $L^t\overline{(L^{-1})}$ となり, 右辺は $\bar{L}L = \bar{I}$ であることから $\bar{L}L$ に等しいですから

$$
L^t\overline{(L^{-1})} = \bar{L}L
\tag{4.14}
$$

(4.14) の両辺に, 左から $(L^t)^{-1}$ を掛け右から L^{-1} を掛けると

$$
\begin{aligned}
\overline{(L^{-1})}L^{-1} &= (L^t)^{-1}\bar{L} \\
&= (L^{-1})^t\bar{L} \\
&= \overline{(LL^{-1})} = \bar{I} \quad ((4.9) \text{ 参照})
\end{aligned}
\tag{4.15}
$$

(4.15) は, $L^{-1} \in G$ を意味します. [証明終]

よって, 条件 (4.6) を満たす行列の集合 G は, 群の公理をすべて満たしています.[4] G は**ローレンツ変換群**とよばれます.

相対運動速度が $(V, 0, 0)$ である特殊ローレンツ変換の場合は, $\beta := V/c, \gamma := 1/\sqrt{1-\beta^2}$ として

$$
L = \begin{pmatrix} \gamma & -\beta\gamma & 0 & 0 \\ -\beta\gamma & \gamma & 0 & 0 \\ 0 & 0 & 1 & 0 \\ 0 & 0 & 0 & 1 \end{pmatrix} := L(\beta) \quad , \quad \bar{L} = \begin{pmatrix} -\gamma & -\beta\gamma & 0 & 0 \\ \beta\gamma & \gamma & 0 & 0 \\ 0 & 0 & 1 & 0 \\ 0 & 0 & 0 & 1 \end{pmatrix} := \overline{L(\beta)}
\tag{4.16}
$$

となります. (付録 1 の (a1.19),(a1.20) 参照) そこで, $\boldsymbol{R}$ を実数の集合として

$$
G_s := \{L(\beta) \,|\, \beta \in \boldsymbol{R}\}
$$

---

[4]集合が元の間の算法に関して閉じていて, 結合法則が成り立ち, 単位元が存在して, 各元が逆元をもつとき, その集合は群を構成すると定義されます.

なる集合 G_s を考えます. このとき, $L(0) = I, L(\beta)L(-\beta) = I$ が成り立っていますから, $L(\beta)^{-1} = L(-\beta)$ です. さらに, $L(\beta_1)$ と $L(\beta_2)$ の積については, $\beta_{12} := (\beta_1 + \beta_2)/(1 + \beta_1\beta_2)$, $\gamma_{12} := \gamma_1\gamma_2(1 + \beta_1\beta_2)$ とおくと, $\gamma_{12} = 1/\sqrt{1 - (\beta_{12})^2}$ および $L(\beta_1)L(\beta_2) = L(\beta_{12})$ であることが確かめられます. そして, $L(0), L(-\beta), L(\beta_{12})$ はすべて G_s の元です. 以上により, G_s は G と共通の単位元を有する群であることになります. さらに, 任意の $L(\beta)(\in G_s)$ について $\overline{L(\beta)}L(\beta) = \bar{I}$ が成り立ちますから, $L(\beta)$ は群 G に含まれます (つまり, $G_s \subset G$). よって, G_s は G の部分群です.[5]

5 おわりに

ガリレー・ニュートンの力学では共通不変な**絶対時間**が存在すると仮定されました.[6] しかし, アインシュタインによる**同時性**の根本的解析により, 絶対時間の考え方は否定されました. アインシュタインの 1905 年の論文 [1] では, ある慣性座標系 (t, x, y, z) に対して相対運動する系の時間変数 (t') の同時刻の定義式から, t' の t, x, y, z に関する微分方程式を導き, 光速度不変の原理などを駆使してローレンツ変換式にたどり着いています.

今回の論文ではまず, 相対運動に直交する方向の空間座標値 x^2, x^3 が不変であることを確認しました. 一方, 相対運動に沿う方向の空間座標値 x^1 は, 時間座標値 x^0 と共に変換されます. そして, 長さの相対論的収縮は, x^1 軸上でのみ認められます. 相対運動する両慣性系の空間座標軸は, 同じ向きに平行性を保持していますが, 相対運動方向との交角の違いにより, このような変換性の差異 (いわば, 等方性の破れ) が生じています.

つぎに, 第 4 節で示したように, 特殊ローレンツ変換は実数パラメータ β で特徴づけられ, それらの集合は群 $G_s = \{L(\beta)\,|\beta \in \boldsymbol{R}\}$ を構成しています. そして $L(\beta)$ の変換で, ミンコフスキー空間の世界間隔は不変です. そこで, 逆に世界間隔を不変にするような変換を調べてみると, それらの集合 $G = \{L\,|\bar{L}L = \bar{I}\}$ は群を構成することがわかりました. G は G_s を部分群として含みます. 群 G に属して G_s に属さない元の例として, 擬転置行列があります. $L \in G$ のとき, $\overline{(\bar{L})}\bar{L} = \bar{I}$ が成り立ちますから $\bar{L} \in G$ です.[7] そして, $L(\beta)$ も G の元ですから $\overline{L(\beta)} \in G$ です. しかし, $\overline{L(\beta)}$ は $L(\xi)(\xi \in \boldsymbol{R})$ の形に表せませんから, $\overline{L(\beta)} \notin G_s$.

付録 1　ローレンツ変換 (続)

第 2 節では, 特殊ローレンツ変換

$$x'^{\mu} = L^{\mu}_{\nu}x^{\nu} \tag{a1.1}$$

の行列として

---

[5]ローレンツ変換はその変換行列の行列式 Δ の値と L^0_0 の値により, 4 分類されます. $\Delta = +1$ の変換は固有 (Proper) ローレンツ変換とよばれ, この内 $L^0_0 \geq 1$ となるものが, G_s に含まれる変換です. $\Delta = -1$ である変換は非固有 (Improper) ローレンツ変換とよばれ, これらも L^0_0 の値 (+1 以上または -1 以下) により 2 分類されます.

[6]これは「時間不変の原理」とも言えます.

[7]$\bar{L}L = \bar{I}$ より $\overline{\bar{L}L} = \bar{\bar{I}} = I$. 最左辺は $L^t\bar{L}$ ですから, $L^t\bar{L} = I$ が得られ, これを変形して $\bar{\bar{L}}\bar{L} = (L^{-1})^t\bar{L} = \overline{(LL^{-1})} = \bar{I}$

$$L = \begin{pmatrix} L_0^0 & L_1^0 & L_2^0 & L_3^0 \\ L_0^1 & L_1^1 & L_2^1 & L_3^1 \\ 0 & 0 & 1 & 0 \\ 0 & 0 & 0 & 1 \end{pmatrix} \quad , \quad (L_0^1 = -\beta L_1^1) \tag{a1.2}$$

が導かれました. さらに変換行列要素を確定するために, 光信号の伝播を解析します.

慣性系 S におけるミンコフスキー空間内の原点と点 $P(x^\mu)$ の間の光信号の伝播を考えれば, 時間 t 内に光信号が進む距離は $ct = x^0$ であり, この距離は $\sqrt{\sum_{i=1}^{3}(x^i)^2}$ とも表されますから

$$\sum_{i=1}^{3}(x^i)^2 - (x^0)^2 = 0 \tag{a1.3}$$

光速度の不変性により, S′ における光信号の伝播距離については, $x'^0 := ct'$ として(a1.3) と類似の関係が成り立ちます.

$$\sum_{i=1}^{3}(x'^i)^2 - (x'^0)^2 = 0 \tag{a1.4}$$

(a1.4) に (a1.1) を代入すると

$$\sum_{\mu=0}^{3}\{(L_\mu^1)^2 - (L_\mu^0)^2\}(x^\mu)^2 + 2\sum_{\lambda>\mu}(L_\lambda^1 L_\mu^1 - L_\lambda^0 L_\mu^0)x^\lambda x^\mu + (x^2)^2 + (x^3)^2 = 0$$

(a1.3) より $(x^2)^2 + (x^3)^2 = (x^0)^2 - (x^1)^2$ ですから, これを上式に代入すると

$$\sum_{\mu=0}^{3}\{(L_\mu^1)^2 - (L_\mu^0)^2\}(x^\mu)^2 + 2\sum_{\lambda>\mu}(L_\lambda^1 L_\mu^1 - L_\lambda^0 L_\mu^0)x^\lambda x^\mu + (x^0)^2 - (x^1)^2 = 0 \tag{a1.5}$$

左辺の各項を $(x^\lambda x^\mu)$ ごとにまとめると, まとめられた係数は 0 でなければなりませんから, 以下の条件式が得られます.

$$(L_0^0)^2 = (L_0^1)^2 + 1 \quad , \quad (L_1^1)^2 = (L_1^0)^2 + 1 \tag{a1.6}$$

$$(L_2^1)^2 = (L_2^0)^2 \quad , \quad (L_3^1)^2 = (L_3^0)^2 \tag{a1.7}$$

$$L_\lambda^1 L_\mu^1 = L_\lambda^0 L_\mu^0 \quad (\lambda > \mu) \tag{a1.8}$$

(a1.8) で $(\lambda, \mu) = (1,2)$ とした場合の関係式 $L_1^1 L_2^1 = L_1^0 L_2^0$ に (a1.7) の第 1 式から得られる $L_2^1 = \pm L_2^0$ を用いると $\pm L_1^1 = L_1^0$ が得られますが, これは (a1.6) の第 2 式と矛盾します. まったく同様に (a1.8) で $(\lambda, \mu) = (1,3)$ とした場合の関係式から, $\pm L_0^0 = L_0^1$ となり (a1.6) の第 1 式と矛盾します.

(a1.6) と (a1.7),(a1.8) の関係式が両立するためには, $L_2^1 = L_2^0 = 0, L_3^1 = L_3^0 = 0$ でなければなりません.

118

このとき, 条件式 (a1.8) の $(\lambda, \mu) = (0, 1)$ 以外の条件式は両辺が 0 となって満足されます. よって, 第 1, 第 2 座標の変換式はつぎのようになります.

$$
\begin{array}{rcl}
x'^0 & = & L_0^0 x^0 + L_1^0 x^1 \\
x'^1 & = & L_0^1 x^0 + L_1^1 x^1
\end{array}
$$

座標表示を (t, x, y, z) にもどすと, 下記の変換式が得られます.

$$
t' = L_0^0 t + L_1^0 x/c := \kappa t + \lambda x \tag{a1.9}
$$

$$
x' = cL_0^1 t + L_1^1 x := \mu t + \nu x \tag{a1.10}
$$

$\kappa := L_0^0, \lambda := L_1^0/c, \mu := cL_0^1, \nu := L_1^1$ と定義していますから, (a1.6),(a1.8) を使えばつぎのような条件式が得られます.

$$
\kappa^2 = \frac{\mu^2}{c^2} + 1 \tag{a1.11}
$$

$$
\nu^2 = c^2 \lambda^2 + 1 \tag{a1.12}
$$

$$
\mu\nu = c^2 \kappa\lambda \tag{a1.13}
$$

これらの関係式から κ, λ を消去するために, (a1.13) の両辺を 2 乗すると $(\mu\nu)^2 = c^4 \kappa^2 \lambda^2$ となりますから, 右辺の κ に (a1.11) の表式を用い, λ には (a1.12) を変形した $\lambda^2 = (\nu^2 - 1)/c^2$ を代入すると,

$$
(\mu\nu)^2 = c^4 \left(\frac{\mu^2 + 1}{c^2} \right) \frac{\nu^2 - 1}{c^2} = (\mu^2 + 1)(\nu^2 - 1)
$$

これを変形すると

$$
\mu^2 = c^2(\nu^2 - 1) \tag{a1.14}
$$

が得られます. ところが (a1.2) の第 2 式に示すように $L_0^1 = -\beta L_1^1$ でしたから, これを $\mu = cL_0^1$ に代入すると, $\mu = -\beta c\nu = -V\nu$ が得られます. この μ の表式を (a1.14) に代入すると

$$
\nu^2 = \frac{c^2}{c^2 - V^2} \tag{a1.15}
$$

そしてこの ν^2 の表式を使えば, 他の変換パラメータは次式のようになります.

$$
\kappa^2 = \nu^2 \quad , \quad \lambda^2 = (\nu^2 - 1)/c^2 = V^2 \nu^2/c^4 \tag{a1.16}
$$

λ^2 は (a1.12) を変形したものであり, κ^2 は (a1.11) より,

$$
\begin{array}{rcl}
\kappa^2 = (V\nu)^2/c^2 + 1 & = & \dfrac{V^2}{c^2} \dfrac{c^2}{c^2 - V^2} + 1 \\[2mm]
& = & \dfrac{c^2}{c^2 - V^2} = \nu^2
\end{array}
$$

119

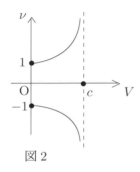

図 2

となります.

つぎに, 変換式 (a1.10) において V を 0 に近づければ, $\mu = -V\nu$ は 0 に, そして x' は x に近づきますから, $x = x\lim_{V\to 0}\nu$ より $\lim_{V\to 0}\nu = 1$ ということになります. 一方, (a1.15) より ν は V 軸について対称な単調関数です (図 2 参照). これらの性質から ν は正値でなければなりませんから,(a1.15) より ν の表式は以下のようになります.

$$\nu = \frac{1}{\sqrt{1-V^2/c^2}} \tag{a1.17}$$

さらに, (a1.9) においても $(V \to 0)$ の極限を考えると, (a1.16) の第 2 式より $(\lambda \to 0)$ ですから, $\lim_{V\to 0}\kappa = 1$ となります. $\kappa^2 = \nu^2$ ですから, κ も V 軸について対称な単調関数です. これらの性質から κ は正値です. したがって, (a1.16) の第 1 式より $\kappa = \nu$ となります. 残るパラメータ λ の符号は, $\mu = -V\nu < 0$ に注意して (a1.13) より $\lambda < 0$ と決まりますから, (a1.16) の第 2 式より $\lambda = -V\nu/c^2$ となります.

よって, 変換式は

$$t' = \nu\left(t - \frac{V}{c^2}x\right) \tag{a1.18}$$
$$x' = \nu(-Vt + x) \tag{a1.19}$$

$V/c := \beta$ と表して ν を γ と書き換えれば, (a1.17) より $\gamma = 1/\sqrt{1-\beta^2}$ であり, 座標 (x^μ) を用いれば,

$$\begin{pmatrix} x'^0 \\ x'^1 \end{pmatrix} = \begin{pmatrix} \gamma & -\beta\gamma \\ -\beta\gamma & \gamma \end{pmatrix} \begin{pmatrix} x^0 \\ x^1 \end{pmatrix} \tag{a1.20}$$

$$x'^2 = x^2 \quad , \quad x'^3 = x^3 \tag{a1.21}$$

以上で特殊ローレンツ変換式が導かれました. なお, この変換行列の行列式は $+1$ です.

付録 2 世界間隔の不変性

二つの慣性系 S および S' の相対速度は一定値 V とし, 慣性系 S を記述するミンコフスキー空間の座標変数を $(x^0, x^1, x^2, x^3) := (ct, x, y, z)$ とします. ここに, c は真空内の光の速さです. そして 2 点間の座標差を (Δx^μ) として

$$s^2 := \sum_{i=1}^{3}(\Delta x^i)^2 - (\Delta x^0)^2 \tag{a2.1}$$

で定義される s を 2 点間の**世界間隔**とよびます.

座標差のみで定義される世界間隔は, S' の座標系 $(x'^0, x'^1, x'^2, x'^3) := (ct', x', y', z')$ では

$$(s')^2 = \sum_{i=1}^{3}(\Delta x'^i)^2 - (\Delta x'^0)^2 \tag{a2.2}$$

と表されます. s を構成する $\sum_{i=1}^{3}(\Delta x^i)^2$ と $(\Delta x^0)^2$ は, どちらも時間 Δt 内の光信号の伝播距離の平方とも解釈できて, この場合の s は 0 に等しくなります. このことはすべての慣性座標系で成り立ちますから, 世界間隔は, ある慣性座標系で 0 ならば他の慣性座標系でも 0 であるという条件を課します.(式 (2.3) 参照)

つぎに, この両座標系で表された世界間隔 s と s' との一般的な関係を考えます.

まず平行移動の場合は, 2 点間の座標差は両座標系で同一ですから, 世界間隔は不変です. そして, 一次変換 $x'^\mu = L_\nu^\mu x^\nu + K^\mu$ の場合には, 定数項 (K^μ) は平行移動の作用をしますから, 世界間隔を変化させません. よって, 定数項の無い同次一次変換 $x'^\mu = L_\nu^\mu x^\nu$ を考察します. これについては, つぎの法則が成り立ちます.[8]

[法則] 世界間隔は, 同次一次座標変換で不変です [証明] $(s')^2$ の表式 (a2.2) において, 座標変換式 $x'^\mu = L_\nu^\mu x^\nu$ を用いて変形すると

$$
\begin{aligned}
(s')^2 &= \sum_{j=1}^{3}\left(L_\mu^j \Delta x^\mu\right)^2 - \left(L_\mu^0 \Delta x^\mu\right)^2 \\
&= \sum_{j=1}^{3} L_\mu^j L_\nu^j \Delta x^\mu \Delta x^\nu - L_\mu^0 L_\nu^0 \Delta x^\mu \Delta x^\nu \\
&= \left(\sum_{j=1}^{3} L_\mu^j L_\nu^j - L_\mu^0 L_\nu^0\right)\Delta x^\mu \Delta x^\nu
\end{aligned}
$$

いま, $\alpha_{\mu\nu} := \sum_{j=1}^{3} L_\mu^j L_\nu^j - L_\mu^0 L_\nu^0$ と定義すると $\alpha_{\mu\nu} = \alpha_{\nu\mu}$ ですから

$$
\begin{aligned}
(s')^2 &= \alpha_{\mu\mu}(\Delta x^\mu)^2 + 2\sum_{\mu<\nu}\alpha_{\mu\nu}\Delta x^\mu \Delta x^\nu \\
&= \sum_{j=1}^{3}\alpha_{jj}(\Delta x^j)^2 + \alpha_{00}(\Delta x^0)^2 + 2\sum_{\mu<\nu}\alpha_{\mu\nu}\Delta x^\mu \Delta x^\nu \quad (a2.3)
\end{aligned}
$$

ここで, 世界間隔が 0 の場合の条件を適用します. $s^2 = 0$ つまり $(\Delta x^0)^2 = \sum_{j=1}^{3}(\Delta x^j)^2$ のとき, $(s')^2 = 0$ ですから

$$
\sum_{j=1}^{3}\alpha_{jj}(\Delta x^j)^2 + \alpha_{00}\sum_{j=1}^{3}(\Delta x^j)^2 + 2\sum_{\mu<\nu}\alpha_{\mu\nu}\Delta x^\mu \Delta x^\nu = 0
$$

$$
\text{i.e.} \quad \sum_{j=1}^{3}(\alpha_{jj}+\alpha_{00})(\Delta x^j)^2 + 2\sum_{\mu<\nu}\alpha_{\mu\nu}\Delta x^\mu \Delta x^\nu = 0 \quad (a2.4)
$$

関係式 (a2.4) が任意の $\{\Delta x^\mu\}$ に対して成り立つためには, すべての係数が 0 でなければなりません. よって

$$
\alpha_{jj}+\alpha_{00} = 0 \quad , \quad \alpha_{\mu\nu} = 0 \quad (j=1,2,3 : \mu \neq \nu) \quad (a2.5)
$$

---

[8]以下の議論は, 文献 [4] §34 を参考にしています.

これらの係数値を (a2.3) に代入すると

$$(s')^2 = -\alpha_{00}\left(\sum_{j=1}^{3}(\Delta x^j)^2 - (\Delta x^0)^2\right) = -\alpha_{00}s^2$$

$$\text{i.e.} \quad (s')^2 = \alpha s^2 \quad (\text{ただし } \alpha := -\alpha_{00}) \tag{a2.6}$$

ところで,両系 S,S' の相対速度は V でしたから,この座標に依存しない α の V への依存性も確認しなければなりません.しかし,空間の等方性により,相対速度の方向に依存してはなりませんから,その大きさ(V)のみに依存すると考えられます.そこで,三つの慣性系 S,S$_1$,S$_2$ について,S$_i$ の S に対する相対速度を V_i とし,S$_2$ の S$_1$ に対する相対速度を V_{12} とすると,つぎの関係式が成り立ちます.

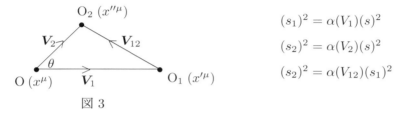

図 3

$$(s_1)^2 = \alpha(V_1)(s)^2$$
$$(s_2)^2 = \alpha(V_2)(s)^2$$
$$(s_2)^2 = \alpha(V_{12})(s_1)^2$$

これらの関係式から,$\alpha(V_2)/\alpha(V_1) = (s_2/s_1)^2 = \alpha(V_{12})$ ですから,V_1 と V_2 との夾角を θ とすれば,

$$\frac{\alpha(V_2)}{\alpha(V_1)} = \alpha(V_{12}) = \alpha\left(\sqrt{V_1^2 + V_2^2 - 2V_1V_2\cos\theta}\right) \tag{a2.7}$$

となります.(図 3 参照) 特に $V_2 = 0$ の場合は,次式のようになります.

$$\alpha(0) = \alpha(V_1)\alpha(V_1) \tag{a2.8}$$

α の定義式 (a2.6) から明らかに $\alpha(0) = 1$ ですから (a2.8) より $(\alpha(V_1))^2 = 1$ が得られますが,再び $\alpha(0) = 1$ を考慮すれば,$\alpha(V_1) = 1$ と確定し,(a2.6) は $(s')^2 = s^2$ となります.これより $s' = \pm s$ ですが,$s'(V=0) = s(V=0)$ ですから $s' = s$ となり,世界間隔は不変です.[9] [証明終]

参考文献

[1] 内山 龍雄 訳・解説 『アインシュタイン相対性理論』岩波書店 (2015 年)
§3(p.24〜p.33) に座標変換の論説があります.

[2] 内山 龍雄 著『相対性理論』岩波書店 (1990 年)
第 I 章 §3(p.12〜p.15) にローレンツ変換の解説があります.

[3] C. メラー 著 永田・伊藤 訳『相対性理論』みすず書房(2005 年)
2 章 §17 に特殊ローレンツ変換の解説があります.垂直方向の座標の不変性については p.35 参照

---

[9] $\alpha = 1$ と確定しましたから (a2.5) より $\alpha_{00} = -1, \alpha_{jj} = 1$ となり,これらを変換係数 $\{L^\mu_\nu\}$ で表すと,第 4 節の関係式 (4.2)〜(4.4) に他なりません

[4] L. ランダウ/ M. リフシッツ 著　水戸 巌 ほか訳『力学・場の理論』筑摩書房（2008 年）
9 章 相対論的力学§34 に世界間隔の不変性の説明があり，§36 にローレンツ変換の説明があ
ります．

[5] 中野 董夫 著 『相対性理論』 岩波書店（1984 年）
5 章 §1 に特殊ローレンツ変換の解説があります．垂直方向の座標の不変性については p.65
〜p.66 参照

[6] W. パウリ 著 内山 龍雄 訳『相対性理論』 講談社 (1979 年)
第 I 編§4(p.30〜p.34) にローレンツ変換の解説があります．

第11章　相対論的力学演習

1　はじめに

一定の重力場内の物体の運動や一定の電場内の荷電体の運動は, 広大な（真空）領域においては光速に至るまで加速されます. このような亜光速での運動状態は, 相対論的力学によって解析されるべきでしょう.

そこでここではいくつかの外力を想定して, その作用を受ける質点の相対論的運動方程式を解いてみたいと思います.

そのためにまず, 解析に必要な相対論的力学の概要を復習整理しておきます.

なお, これからの議論では「特殊相対論」や「特殊ローレンツ変換」を指す場合は, 単に「相対論」や「ローレンツ変換」のように記します.

2　相対論的力学の概要

特殊相対性原理を満足するようにニュートン力学を修正したものが相対論的力学です.[1]

その修正理論構築において, 運動量保存則が成り立つためには, 物体の慣性質量 m は運動速度 $\boldsymbol{v}$ の大きさ v に依存すると考えざるを得なくなります. すなわち, 静止質量を $m_0 := m(0)$ とし, 真空内の光の速さを c として

$$m(v) = \frac{m_0}{\sqrt{1 - \dfrac{v^2}{c^2}}} \tag{2.1}$$

により定義され, そして運動量 $\boldsymbol{p} = (p_x, p_y, p_z)$ は, 物体の運動速度 $\boldsymbol{v} = (v_x, v_y, v_z)$ を用いて

$$\begin{aligned} \boldsymbol{p} &= m(v)\boldsymbol{v} \\ &= \frac{m_0\boldsymbol{v}}{\sqrt{1 - \dfrac{v^2}{c^2}}} \end{aligned} \tag{2.2}$$

とされます.

この相対論的運動量 (2.2) を使って

$$\frac{\mathrm{d}p_j}{\mathrm{d}t} = f_j \quad (j = x, y, z \colon v^2 = \sum_j v_j^2) \tag{2.3}$$

により定義される量を**相対論的ニュートン力**とよびます. この定義式 (2.3) は運動の法則を表すともみなせます.

---

[1]相対論的力学の構築については専門書に詳しく解説されています. エネルギー量子仮説で有名なプランクも, ニュートン方程式に代わるものを提唱しており, これ以後, 速さに依存する質量やエネルギーと質量の関係などが定説となってきました.(文献 [3]p.28 §3.9 参照)

125

そして, 物体のエネルギーを

$$
\begin{aligned}
E &= m(v)c^2 \\
&= \frac{m_0 c^2}{\sqrt{1 - \dfrac{v^2}{c^2}}}
\end{aligned}
\tag{2.4}
$$

と定義すれば, 外力のする仕事の分だけ物体のエネルギーが増加するという, 整合性のある関係が成り立ちます.

定義 (2.4) の根拠を示すために, x 軸方向の一次元運動を考えます. この場合は, $\boldsymbol{v} = (v, 0, 0), |\boldsymbol{v}| = v$ ですから, (2.3) の左辺の微分を実行してみると $f_x := f$ として

$$
\begin{aligned}
f = \frac{\mathrm{d}}{\mathrm{d}t} \frac{m_0 v}{\sqrt{1 - (v/c)^2}} &= \frac{\mathrm{d}}{\mathrm{d}v} \frac{m_0 v}{\sqrt{1 - (v/c)^2}} \frac{\mathrm{d}v}{\mathrm{d}t} \\
&= m_0 (1 - (v/c)^2)^{\frac{-3}{2}} \frac{\mathrm{d}v}{\mathrm{d}t}
\end{aligned}
\tag{2.5}
$$

一方,

$$
\frac{\mathrm{d}E}{\mathrm{d}t} = \frac{\mathrm{d}}{\mathrm{d}t} \frac{m_0 c^2}{\sqrt{1 - (v/c)^2}} = m_0 v (1 - (v/c)^2)^{\frac{-3}{2}} \frac{\mathrm{d}v}{\mathrm{d}t}
\tag{2.6}
$$

の関係にありますから, (2.5) と比較して

$$
\begin{aligned}
\frac{\mathrm{d}E}{\mathrm{d}t} &= f \times v = f \times \frac{\mathrm{d}x}{\mathrm{d}t} \\
i.e. \quad \mathrm{d}E &= f \times \mathrm{d}x
\end{aligned}
\tag{2.7}
$$

(2.7) の右辺は仕事量の変化ですから, E はエネルギーを表すと考えられます.

ここまでは, 運動量とエネルギーの保存則が成り立つように, 修正された理論です. しかし, これだけでは不十分で, 力学法則はローレンツ変換に対して共変的でなければなりません. すなわち, 変換前後の座標で表した法則数式が同型でなければなりません. ところがこのローレンツ変換は, 時間座標と空間座標とが混合したものですから, 力学量を時空 4 次元世界 (ミンコフスキー空間) の量に拡張する必要があります.

そこでまず, 4 次元時空の点 (世界点) の **4 元座標** を $(x^0, x^1, x^2, x^3) := (ct, x, y, z)$ と表します. ついで, 3 次元速度 $\boldsymbol{v} := (v_x, v_y, v_z)$ を用いて **4 元速度** (u^μ) を

$$
\begin{aligned}
u^\mu &:= \frac{1}{\sqrt{1 - (v/c)^2}} \frac{\mathrm{d}x^\mu}{\mathrm{d}t} \\
&= \frac{1}{\sqrt{1 - (v/c)^2}} (c, \boldsymbol{v})
\end{aligned}
\tag{2.8}
$$

と定義すると, (u^μ) は 4 元反変ベクトルです. [2]

---

[2] 4 元座標と同一型式の変換を受ける量を 4 元反変ベクトルとよびます

[証明] ローレンツ変換式を $x'^\mu = L^\mu_\nu x^\nu$ と表すと, 固有時間隔 $dt\sqrt{1-(v/c)^2}$ はローレンツ変換で不変ですから[3]

$$
\begin{aligned}
u'^\mu &= \frac{1}{\sqrt{1-(v'/c)^2}}\frac{dx'^\mu}{dt'} \\
&= \frac{1}{\sqrt{1-(v/c)^2}}\frac{dL^\mu_\nu x^\nu}{dt} \\
&= L^\mu_\nu \frac{1}{\sqrt{1-(v/c)^2}}\frac{dx^\nu}{dt} = L^\mu_\nu u^\nu
\end{aligned}
\tag{2.9}
$$

(2.9) は, 4 元速度の変換式が 4 元座標の変換式と同一であることを示しています. [証明終]

　この 4 元速度に静止質量 m_0 を掛けて, **4 元運動量を**

$$
\begin{aligned}
(p^0, p^1, p^2, p^3) := m_0\,(u^0, u^1, u^2, u^3) &= \frac{m_0}{\sqrt{1-(v/c)^2}}(c, \boldsymbol{v}) \\
&= m(v)(c, \boldsymbol{v}) \\
&= (m(v)c, \boldsymbol{p})
\end{aligned}
\tag{2.10}
$$

と定義します. ちなみに, $\boldsymbol{p} = m(v)\boldsymbol{v}$ は (2.2) で定義したものと一致しています.
このようにして導入された (p^μ) は, 4 元ベクトル (u^μ) のスカラー (m_0) 倍ですから, やはり 4 元ベクトルです.

　そして

$$
\frac{1}{\sqrt{1-(v/c)^2}}\frac{dp^\mu}{dt} := F^\mu
\tag{2.11}
$$

により**ミンコフスキー力** (F^μ) を導入します. 定義式 (2.11) の両辺をローレンツ変換すると, 固有時間隔の不変性および p^μ の反変ベクトル性 $(p'^\mu = L^\mu_\nu p^\nu)$ により, 左辺は $L^\mu_\nu F^\nu$ となりますから, $(F^\mu)' := F'^\mu = L^\mu_\nu F^\nu$ が得られます. したがって, ミンコフスキー力は 4 元反変ベクトルであり

$$
\frac{1}{\sqrt{1-(v'/c)^2}}\frac{dp'^\mu}{dt'} = F'^\mu
\tag{2.12}
$$

と表せますから, 法則数式の共変性が成り立ちます.

　つぎに, 具体的な外力 (ニュートン力) を想定して相対論的運動方程式を解いてみたいと思いますが, 簡単のために x 方向の一次元運動に限定し, 成分添字は省略します.（ $\boldsymbol{v} = (v, 0, 0)$）

3　一次元の相対論的運動の具体例

3.1　一定の外力 f_0 の場合

　運動方程式は

$$
\frac{dm(v)v}{dt} = f_0
\tag{3.1}
$$

---

[3]付録参照

ですから, K_1 を定数として

$$m(v)v = f_0 t + K_1$$

$$\text{i.e.} \quad \frac{m_0 v}{\sqrt{1-(v/c)^2}} = f_0 t + K_1 := m_0 g(t) \tag{3.2}$$

(3.2) を v について解くと,

$$v = \pm \frac{g}{\sqrt{1+g^2/c^2}} \tag{3.3}$$

$$\text{i.e.} \quad x = \pm \int \mathrm{d}t \frac{g}{\sqrt{1+g^2/c^2}}$$

$$= \pm \frac{m_0}{f_0} \int \mathrm{d}g \frac{g}{\sqrt{1+g^2/c^2}} \quad (\because m_0 \mathrm{d}g = f_0 \mathrm{d}t) \tag{3.4}$$

$1+(g/c)^2 := \eta$ と変数変換すれば, $\mathrm{d}g/\mathrm{d}t = f_0/m_0$ ですから K_2 を定数として

$$x = \pm \frac{c^2}{2}\frac{m_0}{f_0} \int \frac{\mathrm{d}\eta}{\sqrt{\eta}}$$

$$= \pm \frac{m_0 c^2}{f_0} \sqrt{\eta} + K_2$$

$$= \pm \frac{m_0 c^2}{f_0} \sqrt{1+(f_0 t + K_1)^2/m_0^2 c^2} + K_2$$

$$= \pm \frac{c}{f_0} \sqrt{m_0^2 c^2 + (f_0 t + K_1)^2} + K_2 \tag{3.5}$$

(3.5) において, $f_0 > 0$ のとき時間の経過とともにやがて $x > 0$ となりますから, 複号は正とすべきです. よって

$$x = \frac{c}{f_0} \sqrt{m_0^2 c^2 + (f_0 t + K_1)^2} + K_2 \tag{3.6}$$

$$K_1 = m(v_0)v_0 \quad , \quad K_2 = x_0 - \frac{c}{f_0}\sqrt{m_0^2 c^2 + K_1^2}$$

一方, $f_0 < 0$ のときは, (3.2) は $m(v)v = -|f_0|t + K_1'$ となりますから, $K_1' = m(v_0)v_0$ と表されます. そして $v_0 < 0$ ですから, $K_1' = -m(v_0)|v_0| = -|K_1|$ となり, この場合の解 x_- は (3.6) の f_0, K_1 を $-|f_0|, -|K_1|$ で置き換えて

$$x_- = -\frac{c}{|f_0|}\sqrt{m_0^2 c^2 + (|f_0|t + |K_1|)^2} + K_2' \tag{3.7}$$

$$K_2' = x_0 + \frac{c}{|f_0|}\sqrt{m_0^2 c^2 + |K_1|^2}$$

　上の表式で, $|v_0|$ は初速度の大きさであり, x_0 は初期位置を意味します.
ここで, $\xi := -c\sqrt{m_0^2 c^2 + K_1^2}/f_0 + c\sqrt{m_0^2 c^2 + (f_0 t + K_1)^2}/f_0$ とおけば $x = x_0 + \xi, x_- = x_0 - \xi$ の関係にありますから, これらは x_0 を通る t 軸に平行な (縦) 直線に関して対称な世界線となります. (本節末の 図 2 参照)
　なお (3.3) より,

$$c - |v| = \frac{\sqrt{c^2 + g^2} \pm |g|}{\sqrt{1+(g/c)^2}} > 0$$

128

ですから, 運動速度が光速を超えることはありません. そして運動体のエネルギー E は

$$E = \frac{m_0 c^2}{\sqrt{1 - (v/c)^2}}$$

一方 (3.3) より $1 - (v/c)^2 = c^2/(c^2 + g^2)$ ですから

$$E = m_0 c \sqrt{c^2 + g^2} \tag{3.8}$$

$m_0 g = f_0 t + K_1$ より, E は時間とともに無限に増大します.

次に, $(v/c)^2 \ll 1$ の場合の近似式を求めてみます. (3.6) より

$$
\begin{aligned}
x &= \frac{m_0 c^2}{f_0} \sqrt{1 + (f_0 t + K_1)^2/(m_0 c)^2} + K_2 \\
&\approx \frac{m_0 c^2}{f_0} \left(1 + \frac{1}{2} \frac{(f_0 t + K_1)^2}{m_0^2 c^2} \right) + x_0 - \frac{m_0 c^2}{f_0} \left(1 + \frac{K_1^2}{2 m_0^2 c^2} \right) \\
&= \frac{1}{2 f_0 m_0} (f_0^2 t^2 + 2 f_0 t K_1 + K_1^2) + x_0 - \frac{K_1^2}{2 f_0 m_0} \\
&= \frac{f_0 t^2}{2 m_0} + \frac{K_1 t}{m_0} + x_0
\end{aligned}
$$

これを変形すると

$$x - \left(x_0 - \frac{K_1^2}{2 m_0 f_0} \right) \approx \frac{f_0}{2 m_0} \left(t + \frac{K_1}{f_0} \right)^2 \tag{3.9}$$

(3.9) は, ニュートン力学の結果と一致します. ($x - ct$ 面の放物線)

この例では厳密解 (3.6) が求められていますので, これを相対運動する慣性系 S' で表現してみたいと思います. (3.6) を根号を含まないように変形すると

$$(x - K_2)^2 - (ct + \frac{cK_1}{f_0})^2 = \left(\frac{m_0 c^2}{f_0} \right)^2 \tag{3.10}$$

(3.10) の座標をローレンツ変換[4] して整理すると

$$\left(x' - \gamma \left(K_2 + \frac{\beta c K_1}{f_0} \right) \right)^2 - \left(ct' + \gamma \left(\beta K_2 + \frac{c K_1}{f_0} \right) \right)^2 = \left(\frac{m_0 c^2}{f_0} \right)^2 \tag{3.11}$$

世界線 (3.10),(3.11) は, それぞれ $x - ct$ 平面および $x' - ct'$ 平面の双曲線を表しています. 双曲線の形状を決めるパラメータは, 共通の $m_0 c^2/f_0$ ですから, S' 系では単に平行移動した世界線と解されます.

そして, 近似解 (3.9) を表す放物線と, 厳密解 (3.10) を表す双曲線は下図のようになります. ($f_0 > 0$ の場合)

---

[4]付録の式 (a1.1),(a1.2) 参照

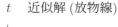
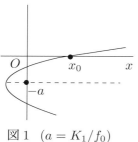

図1 ($a = K_1/f_0$)

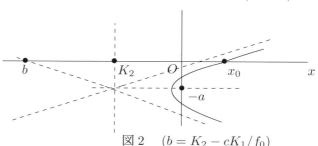

図2 ($b = K_2 - cK_1/f_0$)

3.2 速さ v に比例する抵抗力の場合

この場合のニュートン力は, a を正定数として $-av$ ですから, 運動方程式は

$$\frac{\mathrm{d}}{\mathrm{d}t}\frac{m_0 v}{\sqrt{1-(v/c)^2}} = -av \quad (a>0) \tag{3.12}$$

左辺の微分を実行すると

$$\frac{m_0}{(1-(v/c)^2)^{\frac{3}{2}}}\frac{\mathrm{d}v}{\mathrm{d}t} = -av \tag{3.13}$$

$v := c\xi$ により変数変換すると, K_1 を定数として

$$\int \frac{\mathrm{d}\xi}{\xi(1-\xi^2)^{\frac{3}{2}}} = -\frac{at}{m_0} + K_1 := f(t) \tag{3.14}$$

積分公式[5]

$$\int \frac{\mathrm{d}\xi}{\xi(b^2-\xi^2)^{\frac{3}{2}}} = \frac{1}{b^2\sqrt{b^2-\xi^2}} + \frac{1}{b^3}\log\left|\frac{\xi}{b+\sqrt{b^2-\xi^2}}\right|$$

を使って

$$\log\left|\frac{v}{c+c\sqrt{1-(v/c)^2}}\right| = f(t) - \frac{1}{\sqrt{1-(v/c)^2}} \tag{3.15}$$

i.e. $\quad\left(\dfrac{v}{c}\right)\dfrac{\exp(1/\sqrt{1-(v/c)^2})}{1+\sqrt{1-(v/c)^2}} = \exp\left(f(t)\right) \tag{3.16}$

この式の両辺で $t=0$ とすれば $f(0) = K_1$ ですから, 初速度を v_0 として

$$\left(\frac{v_0}{c}\right)\frac{\exp(1/\sqrt{1-(v_0/c)^2})}{1+\sqrt{1-(v_0/c)^2}} = \exp(K_1)$$

---
[5] 岩波数学公式 I p.120 参照

$b := v/c$ とおいて, (3.16) 式の左辺の近似計算を進めます. まず

$$
\begin{aligned}
\exp(1/\sqrt{1-b^2}) &= \sum_{n=0}^{\infty} \frac{1}{n!}(1-b^2)^{-n/2} \\
&\approx \sum_{n=0}^{\infty} \frac{1}{n!}\left(1+\frac{nb^2}{2}\right) \\
&= \sum_{n=0}^{\infty} \frac{1}{n!} + \frac{b^2}{2}\sum_{n=1}^{\infty}\frac{1}{(n-1)!} \\
&= \mathrm{e}\left(1+\frac{b^2}{2}\right)
\end{aligned}
$$

つぎに

$$
\begin{aligned}
1+\sqrt{1-b^2} &\approx 2-\frac{b^2}{2} = 2\left(1-\frac{b^2}{4}\right) \\
\therefore \quad \frac{1}{1+\sqrt{1-b^2}} &\approx \frac{1}{2}\left(1+\frac{b^2}{4}\right)
\end{aligned}
$$

従って (3.16) の左辺は

$$
\frac{\mathrm{e}b}{2}\left(1+\frac{b^2}{2}\right)\left(1+\frac{b^2}{4}\right) \approx \frac{\mathrm{e}b}{2}\left(1+\frac{3b^2}{4}\right)
$$

と近似されますから

$$
\frac{\mathrm{e}b}{2}\left(1+\frac{3b^2}{4}\right) \approx \exp(f(t))
$$

$(v/c)^3$ に比例する項を切り捨てて

$$
\frac{ev}{2c} \approx \exp\left(f(t)\right) = \mathrm{e}^{K_1}\exp(-at/m_0) \tag{3.17}
$$

$t=0$ とおくと, 初速度の大きさを v_0 として

$$
\frac{ev_0}{2c} \approx \mathrm{e}^{K_1}
$$

式 (3.17) において両辺を t で積分すると, K_2 を定数として

$$
\begin{aligned}
\frac{\mathrm{e}x}{2c} &\approx \frac{-m_0}{a}\mathrm{e}^{K_1}\exp(-at/m_0)+K_2 \\
\text{i.e.} \quad x &\approx \frac{-m_0v_0}{a}\exp(-at/m_0)+K_2
\end{aligned}
$$

ここで, $2cK_2/\mathrm{e}$ を改めて K_2 としています.

初期位置を x_0 とすれば

$$
x \approx x_0 + \frac{m_0v_0}{a}\left(1-\exp\left(-at/m_0\right)\right) \tag{3.18}
$$

右辺の表式は, ニュートン力学の結果と一致します.

なお, この運動体のエネルギー $E = m(v)c^2$ は

$$
\begin{aligned}
E = m(v)c^2 &= m_0 c^2 / \sqrt{1 - (v/c)^2} \\
&\approx m_0 c^2 \left(1 + \frac{1}{2} \frac{v^2}{c^2} \right)
\end{aligned}
\tag{3.19}
$$

一方, (3.17) から

$$
\frac{v^2}{c^2} \approx 4\mathrm{e}^{2f(t)-2}
\tag{3.20}
$$

と近似されますから

$$
\begin{aligned}
E &\approx m_0 c^2 \left(1 + 2\mathrm{e}^{2f(t)-2} \right) \\
&= m_0 c^2 \left(1 + 2\mathrm{e}^{2K_1-2}\mathrm{e}^{-2at/m_0} \right)
\end{aligned}
\tag{3.21}
$$

したがって, 時間の経過とともに $m_0 c^2$ に収束します.

3.3　周期的な力の場合

この場合のニュートン力を $A\sin(\omega t)$ とすると, 運動方程式は

$$
\begin{aligned}
\frac{\mathrm{d}}{\mathrm{d}t} \frac{m_0 v}{\sqrt{1 - (v/c)^2}} &= A\sin(\omega t) \\
i.e. \quad \frac{m_0}{(1 - (v/c)^2)^{\frac{3}{2}}} \frac{\mathrm{d}v}{\mathrm{d}t} &= A\sin(\omega t)
\end{aligned}
\tag{3.22}
$$

$v := c\sin\theta$ と変数変換すると, K_0 を定数として

$$
c \int \frac{\mathrm{d}\theta}{(\cos\theta)^2} = \frac{-A\cos(\omega t)}{m_0 \omega} + K_0 := g(t)
\tag{3.23}
$$

左辺の積分は正値で $c\tan(\theta)$ に等しいですから, 式 (3.23) は $c\tan(\theta) = g(t) > 0$ となります. $c\tan\theta = g(t)$ より $g(0) = c\tan\theta_0$ となりますが, $v_0 = c\sin\theta_0$ より $c\tan\theta_0 = v_0/\sqrt{1 - (v_0/c)^2}$ が得られますから,

$$
v_0/\sqrt{1 - (v_0/c)^2} = g(0) = K_0 - \frac{A}{m_0 \omega}
$$

から K_0 が定まります. つぎに, $\tan(\theta) \approx \theta = \arcsin(v/c)$ と近似できますが, さらに $\arcsin(v/c) \approx v/c$ と近似すると, (3.23) は近似的に $v \approx g(t)$ となります. （$\tan(\xi)$ および $\arcsin(\xi)$ の級数展開式には, ξ^2 の項はありません）. 両辺を t で積分すると, K_1 を定数として

$$
x \approx \frac{-A}{m_0 \omega^2} \sin(\omega t) + K_0 t + K_1
\tag{3.24}
$$

右辺の表式は, ニュートン力学の結果と一致します. （$K_0 = v_0/\sqrt{1 - (v_0/c)^2} + A/m_0\omega, K_1 = x_0$）

最後に, この運動体のエネルギー $E = m(v)c^2$ は

$$
E = \frac{m_0 c^2}{\sqrt{1 - (v/c)^2}}
\tag{3.25}
$$

一方, $c\tan\theta = g(t)$ および $v = c\sin\theta$ より, $(\sin\theta)^2 = g^2/(g^2 + c^2)$ となりますから, $v^2/c^2 = (\sin\theta)^2 = g^2/(g^2 + c^2)$ が得られます. これより, $1 - (v/c)^2 = c^2/(g^2 + c^2)$ と表されますから

$$E = m_0 c\sqrt{c^2 + g^2} \;=\; m_0 c\sqrt{c^2 + \left(K_0 - \frac{A\cos\omega t}{m_0\omega}\right)^2} \tag{3.26}$$

$$i.e \quad m_0 c\sqrt{c^2 + \left(K_0 - \frac{A}{m_0\omega}\right)^2} \;\leq\; E \leq m_0 c\sqrt{c^2 + \left(K_0 + \frac{A}{m_0\omega}\right)^2} \tag{3.27}$$

3.4 変位に比例する抵抗力の場合

この場合の運動方程式は $k(>0)$ を定数として

$$\frac{m_0}{(1 - (v/c)^2)^{\frac{3}{2}}}\frac{\mathrm{d}v}{\mathrm{d}t} \;=\; -kx \tag{3.28}$$

両辺に $v = \mathrm{d}x/\mathrm{d}t$ を掛けると

$$\frac{m_0 v}{(1 - (v/c)^2)^{\frac{3}{2}}}\frac{\mathrm{d}v}{\mathrm{d}t} \;=\; -k\frac{\mathrm{d}x}{\mathrm{d}t}x$$

$$i.e. \quad \frac{m_0 v}{(1 - (v/c)^2)^{\frac{3}{2}}}\frac{\mathrm{d}v}{\mathrm{d}t} \;=\; \frac{-k}{2}\frac{\mathrm{d}x^2}{\mathrm{d}t} \tag{3.29}$$

両辺を t で積分すると, K_1 を定数として

$$\frac{2m_0 c^2}{k}\frac{1}{\sqrt{1 - (v/c)^2}} = -x^2 + K_1 \tag{3.30}$$

$K_1 - x^2 := X, a := 2m_0 c^2/k$ とおくと, (3.30) は $\pm v/c = \sqrt{X^2 - a^2}/X$ となりますから, これを t で積分すれば K_2 を定数として $\int \frac{X\mathrm{d}X}{\sqrt{(K_1 - X)(X^2 - a^2)}} = \pm 2ct + K_2$ と表され, 左辺は楕円積分に似た形をしています.

つぎに, (3.30) において $1/\sqrt{1 - (v/c)^2} \approx 1 + v^2/2c^2$ と近似すると

$$\frac{2m_0 c^2}{k}\left(1 + \frac{v^2}{2c^2}\right) \;\approx\; -x^2 + K_1 \tag{3.31}$$

$$\therefore \quad v^2 \;\approx\; \frac{kK_1}{m_0} - 2c^2 - \frac{k}{m_0}x^2$$

$$:= \; A - \frac{k}{m_0}x^2 \tag{3.32}$$

$$\frac{\mathrm{d}x}{\mathrm{d}t} = v \;\approx\; \pm\sqrt{A - \frac{k}{m_0}x^2} \tag{3.33}$$

$$i.e. \quad \pm\frac{\mathrm{d}x}{\sqrt{A - \frac{k}{m_0}x^2}} \;\approx\; \mathrm{d}t \tag{3.34}$$

133

$\sqrt{k/m_0 A}x := \sin\theta$ と変数変換すると[6], $\mathrm{d}x = \sqrt{m_0 A/k}\cos\theta\mathrm{d}\theta$ ですから

$$\pm\sqrt{m_0 A/k}\frac{\cos\theta\mathrm{d}\theta}{\sqrt{A(1-\sin^2\theta)}} \approx \mathrm{d}t$$

$$\therefore \pm\mathrm{d}\theta \approx \sqrt{\frac{k}{m_0}}\mathrm{d}t \tag{3.35}$$

(3.35) を t について積分すれば, K_2 を定数として

$$\pm\arcsin(\sqrt{k/m_0 A}x) = \pm\theta \approx \sqrt{\frac{k}{m_0}}t + K_2$$

$$x \approx \pm\sqrt{\frac{Am_0}{k}}\sin\left(\sqrt{\frac{k}{m_0}}t + K_2\right) \tag{3.36}$$

(3.36) において, $-\sin(T + K_2) = \sin(T + K_2 + \pi)$ ですから, K_2 が任意定数であることを考慮すれば, 右辺は正号のみを考えれば十分です.

$$x \approx \sqrt{Am_0/k}\sin(\sqrt{k/m_0}t + K_2)$$

これはニュートン力学の結果と一致します. [7]

4 おわりに

第 3.4 節では一次元ポテンシャル $U(x) = kx^2/2$ の場合の運動を考えましたが, 相対論では遠隔 (瞬達) 作用は容認されません. したがって「変位に比例する抵抗力」という設定は, 相対論的考察では無意味なものとなりますから, $v/c \ll 1$ の場合の近似方程式の解法問題と考えておきたいと思います.

具体例でみたように 座標 x や速さ v を t の関数として解析的に求めることは容易ではありません. 従って多くの場合に, 位置や速度の近似値を求めることになります. ここでは, 近似の目安を $(v/c)^2$ の項までとしましたが[8], いずれの場合も非相対論的なニュートン力学の結果と一致しました.

日常の運動解析では, ニュートン力学で十分な結果が得られるわけです.

付録　ミンコフスキー力の反変ベクトル性の別証明

ここではまず, 運動速度や速度を含む数式が, ローレンツ変換によりどのように変換されるかをまとめておきます. 慣性系 $S'(x', y', z', t')$ は, 慣性系 $S(x, y, z, t)$ に対して相対速度 $(V, 0, 0)$ で等

---

[6]式 (3.30) より $K_1 = x_0^2 + \frac{2m_0c^2}{k}\left(1 + \frac{v_0^2}{2c^2}\right)$ ですから, $A = \frac{kK_1}{m_0} - 2c^2 = \frac{kx_0^2}{m_0} + v_0^2 > 0$

[7]ただし $\sin K_2 = x_0\sqrt{k/Am_0}$, $A = kK_1/m_0 - 2c^2$, $K_1 = x_0^2 + \frac{2m_0c^2}{k}\frac{1}{\sqrt{1-(v_0/c)^2}}$

[8]音速 $v = 340m/s$ の場合は, $(v/c)^2 \approx 10^{-12}$

速直線運動しているものとします. このとき, 各系の座標の間の変換式は次式のとおりです.

$$x' = \gamma (x - \beta ct) \tag{a1.1}$$

$$y' = y \quad , \quad z' = z$$

$$ct' = \gamma (ct - \beta x) \tag{a1.2}$$

ここに, c は真空内の光の速さであり, $\beta := V/c, \gamma := 1/\sqrt{1 - \beta^2}$ としています.

そこで, S 系で速度 $\boldsymbol{v} = (v_x, v_y, v_z)$ で運動する物体の S' 系における速度を $\boldsymbol{v}'$ とすれば, $\xi := 1 - v_x V/c^2$ として, つぎの関係式が成り立ちます. $(v := |\boldsymbol{v}|)$

$$\boldsymbol{v}' = \frac{1}{\xi\gamma} (\gamma(v_x - V) \ , \ v_y \ , \ v_z) \tag{a1.3}$$

$$(\xi\gamma)^2(c^2 - v'^2) = (c^2 - v^2) \tag{a1.4}$$

$$\sqrt{1 - (v'/c)^2}dt' = \sqrt{1 - (v/c)^2}dt \quad \text{(固有時間隔の不変性)} \tag{a1.5}$$

$$m(v') = \xi\gamma m(v) \tag{a1.6}$$

(a1.3) については, 上記のローレンツ変換式を用いて以下のように示されます.

$$\frac{\mathrm{d}x'}{\mathrm{d}t'} = \frac{\mathrm{d}x - V\mathrm{d}t}{\mathrm{d}t - V\mathrm{d}x/c^2} = \frac{v_x - V}{1 - v_x V/c^2}$$

$$= \frac{v_x - V}{\xi}$$

$$\frac{\mathrm{d}y'}{\mathrm{d}t'} = \frac{\mathrm{d}y}{\gamma(\mathrm{d}t - V\mathrm{d}x/c^2)} = \frac{v_y}{\xi\gamma}$$

$$\frac{\mathrm{d}z'}{\mathrm{d}t'} = \frac{\mathrm{d}z}{\gamma(\mathrm{d}t - V\mathrm{d}x/c^2)} = \frac{v_z}{\xi\gamma}$$

そして, (a1.4) については (a1.3) を使って

$$c^2 - v'^2 = c^2 - \frac{\gamma^2(v_x - V)^2 - v_y^2 - vz^2}{(\xi\gamma)^2}$$

$$\therefore \ (\xi\gamma)^2(c^2 - v'^2) = \gamma^2(c^2\xi^2 - (v_x - V)^2) - v_y^2 - v_z^2$$

$$= \gamma^2 \left(c^2 - V^2 + v_x^2 \left(\frac{V^2}{c^2} - 1 \right) \right) - v_y^2 - v_z^2$$

$$= \gamma^2 \left(1 - \frac{V^2}{c^2} \right) (c^2 - v_x^2) - v_y^2 - v_z^2$$

$$= (c^2 - v^2)$$

さらに (a1.5) は, (a1.4) および (a1.2) を用いて

$$\xi\gamma\sqrt{1 - (v'/c)^2}dt' = \sqrt{1 - (v/c)^2}dt'$$

$$= \sqrt{1 - (v/c)^2}\gamma(dt - \beta dx/c) \quad (\because \text{(a1.2)})$$

$$= \gamma\sqrt{1 - (v/c)^2}dt(1 - \beta v_x/c)$$

$$= \xi\gamma\sqrt{1 - (v/c)^2}dt \tag{a1.7}$$

(a1.7) は (a1.5) が成り立つことを示しています. なお, 最後の変形では, $\xi = 1 - v_x V/c^2 = 1 - v_x \beta/c$ であることを使いました.

質量の変換式 (a1.6) は (a1.4) から容易に導かれます.

つぎに, ミンコフスキー力 (F^μ) のローレンツ変換を考えます. 第2節で示したように, 4元運動量の反変ベクトル性と固有時間隔の不変性から, ミンコフスキー力の反変ベクトル性はほぼ自明でした.

ここでは, ミンコフスキー力を

$$\frac{1}{\sqrt{1-(v/c)^2}}\left(\frac{\mathrm{d}m(v)c}{\mathrm{d}t} \ , \ \frac{\mathrm{d}m(v)\boldsymbol{v}}{\mathrm{d}t}\right) := (F_t, F_x, F_y, F_z)$$

と表現してみます. まず第1成分 F_t を変換すると

$$
\begin{aligned}
F_t' &= \frac{1}{\sqrt{1-(v'/c)^2}}\frac{\mathrm{d}m(v')c}{\mathrm{d}t'} \ = \ \frac{1}{\sqrt{1-(v/c)^2}}\frac{\mathrm{d}m(v')c}{\mathrm{d}t} \quad (\because \ (a1.5)) \\
&= \ \frac{c\gamma}{\sqrt{1-(v/c)^2}}\frac{\mathrm{d}\xi m(v)}{\mathrm{d}t} \quad (\because \ (a1.6)) \tag{a1.8}
\end{aligned}
$$

ここで $\xi m(v) = m(v) - \beta v_x m(v)/c$ ですから, これを (a1.8) に代入すると

$$
\begin{aligned}
F_t' &= \ \frac{c\gamma}{\sqrt{1-(v/c)^2}}\frac{\mathrm{d}}{\mathrm{d}t}\left(m(v) - \beta v_x m(v)/c\right) \\
&= \ \frac{\gamma}{\sqrt{1-(v/c)^2}}\frac{\mathrm{d}}{\mathrm{d}t}(cm(v) - \beta v_x m(v)) \\
&= \ \gamma(F_t - \beta F_x) \tag{a1.9}
\end{aligned}
$$

つぎに第2成分 F_x の変換式を導きます. (a1.3),(a1.6) に注意して

$$
\begin{aligned}
F_x' &= \frac{1}{\sqrt{1-(v'/c)^2}}\frac{\mathrm{d}m(v')v_x'}{\mathrm{d}t'} \ = \ \frac{1}{\sqrt{1-(v/c)^2}}\frac{\mathrm{d}m(v')v_x'}{\mathrm{d}t} \\
&= \ \frac{1}{\sqrt{1-(v/c)^2}}\frac{\mathrm{d}\xi\gamma m(v)}{\mathrm{d}t}(v_x - V)/\xi \\
&= \ \frac{\gamma}{\sqrt{1-(v/c)^2}}\frac{\mathrm{d}m(v)}{\mathrm{d}t}(v_x - c\beta) \\
&= \ \gamma(F_x - \beta F_t) \tag{a1.10}
\end{aligned}
$$

そして第3成分 F_y については

$$
\begin{aligned}
F_y' &= \frac{1}{\sqrt{1-(v'/c)^2}}\frac{\mathrm{d}m(v')v_y'}{\mathrm{d}t'} \ = \ \frac{1}{\sqrt{1-(v/c)^2}}\frac{\mathrm{d}\xi\gamma m(v)v_y/\xi\gamma}{\mathrm{d}t} \\
&= \ \frac{1}{\sqrt{1-(v/c)^2}}\frac{\mathrm{d}m(v)v_y}{\mathrm{d}t} = F_y \tag{a1.11}
\end{aligned}
$$

これと同じ要領で

$$F_z' = F_z \tag{a1.12}$$

(a1.9)〜(a1.12) より, ミンコフスキー力はローレンツ変換において, やはり反変ベクトルとして変換されることがわかります.

参考文献

[1] 竹内 淳 著　『高校数学でわかる相対性理論 』 講談社 (2013 年)
　　相対論的力学の構成については, 第 5 章 (p.132〜p.147)

[2] W. パウリ 著　内山 龍雄 訳『相対性理論 上』筑摩書房 (2007 年)
　　相対論的力学の構成については, §37, §38

[3] 内山 龍雄 著　『相対性理論』岩波書店（1990 年）
　　IV 章 に相対論的力学の解説があります

[4] 江沢 洋・上條 隆志 編 『江沢 洋選集 II 相対論と電磁場』 日本評論社（2019 年）

第１２章　系のハミルトニアンと交換関係

1　はじめに

　量子力学の定式化の一つにハイゼンベルク表示があります.

　その要旨は, 系の物理量を表す演算子 Q の時間発展方程式は系のハミルトニアンを $H(Q,P)$ として

$$i\hbar \frac{\partial Q}{\partial t} = [Q, H] \tag{1}$$

により決定されるというものです.

　$[Q, H] = QH - HQ$ は"Q と H の交換子"で, 上記の式はハイゼンベルク方程式とよばれます.

　そこで, Q として基本的な正準共役量である座標 q と運動量 p を考えると, ハミルトニアンが q, p の関数 $H(q, p)$ であることは古典力学の法則から推定されます. ただし, $q, p, H(q, p)$ は演算子と解釈しなければなりません.

　ところで, q, p について方程式 (1) が成り立つとすると, q, p それぞれの解答が得られるわけですが, q, p は古典力学では系のポテンシャルを $U(q)$ として

$$m\dot{q} = p \tag{2}$$
$$\dot{p} = -\frac{\partial U(q)}{\partial q} \tag{3}$$

の関係にありましたから, 演算子としても何らかの関係で結ばれていると考えられます.

　この関係式が"交換関係"とよばれるもので, ハミルトニアンの形に関連して決まります.

　ハミルトニアンとしては, 古典力学のエネルギー表示式を q, p の関数の形に書き直したものをそのまま用いるのが自然な考え方でしょう. .

　それは, 系のポテンシャル エネルギーを $U(q)$ として

$$H = \frac{p^2}{2m} + U(q) \tag{4}$$

のように表されるものです. この型のハミルトニアンを「自乗型」とよぶことにします. というのは, ハミルトニアンとして

$$H = \kappa q p \tag{5}$$

の型を使っても, ハイゼンベルク方程式を満足する解が得られることが知られているからです. [1]

　この第二の型を「交差型」とよぶことにします. 自乗型に対して交差型は, 初学者にはやや唐突な感じがします. そこで, このようなハミルトニアンに思い至った先人の思索の道を, 追体験したいと思います.

2 交換関係

2.1 自乗型の場合

この型の場合のハイゼンベルク方程式

$$i\hbar\dot{q} = [q, H] \tag{6}$$

$$i\hbar\dot{p} = [p, H] \tag{7}$$

が運動方程式 (2),(3) を再現するような q と p との関係を求めてみます. まず (6) に H を代入すると

$$i\hbar\dot{q} = \frac{1}{2m}(qp^2 - p^2q) \tag{8}$$

ここで γ をスカラー（c数）として

$$qp - pq = \gamma$$

と仮定すると（8）の右辺は $2\gamma p/2m$ となりますから, $i\hbar\dot{q} = \gamma p/m = \gamma\dot{q}$ が導かれ, $\gamma = i\hbar$ が得られます. つまり

$$[q, p] = i\hbar \tag{9}$$

つぎに（7）に H を代入すると,

$$-i\hbar\dot{p} = [p, U]$$

$$\text{i.e.} \quad -i\hbar\frac{\partial U}{\partial q} = [p, U] \tag{10}$$

ここでポテンシャル $U(q)$ をテーラー展開して $U = \sum_{k=0}^{\infty} a_k q^k$ と表わすと

$$-i\hbar\sum_{k=1}^{\infty} k a_k q^{k-1} = \sum_{k=0}^{\infty} a_k [p, q^k] \tag{11}$$

交換関係（9）を用いると, 数学的帰納法により $[p, q^k] = -i\hbar k q^{k-1}$ であることが示されますから, (11) の右辺は左辺と等しいことが分かります. つまり, 第二の運動方程式は自動的に満たされています.

このとき, 反交換子 $\{q, p\} := qp + pq$ はスカラーで表わすことはできません. これを示すために

$$qp = -pq + \xi \tag{12}$$

と仮定してみると

$$i\hbar\dot{q} = [q, H] = \frac{1}{2m}(qp^2 - pq^2)$$

$$= \frac{1}{2m}(\xi p - pqp - p\xi + pqp) = 0 \tag{13}$$

$$i\hbar\dot{p} = [p, H] = \frac{1}{2m}(pq^2 - qp2)$$

$$= \frac{1}{2m}(\xi q - qpq - q\xi + qpq) = 0 \tag{14}$$

となり, 時間発展が全く無いという不合理が生じます.

なお, 反交換子 $\{q, q\}, \{p, p\}$ もスカラー表示ができないことが導かれます. ($p = q = 0$ という不合理な結果となるからです)

2.2　$H = \kappa qp$ の場合

ハミルトニアンが $H = \kappa qp$ の場合に, ハイゼンベルク方程式 (6),(7) が, 運動方程式 (2),(3) を再現するような q と p との交換関係を求めてみます.

ただしこの場合は, ポテンシャルに対応する項が無いので, 力の関数を $\dot{p} = F(q, p)$ と仮定します. (6),(7) に H を代入すると

$$i\hbar\dot{q} = \kappa q[q, p] \tag{15}$$

$$i\hbar\dot{p} = -\kappa[q, p]p \tag{16}$$

(15),(16) から $[q, p]$ を消去すると

$$p^2 = -mqF(q, p) \tag{17}$$

(17) は, 反交換子の間の下記の関係と同値です.

$$\{p, p\} = -2mqF(q, p) \tag{18}$$

このとき交換子 $[q, p]$ は, 可換な場合のみスカラーで表わすことができます. これを示すために

$$qp = pq + \eta \tag{19}$$

と仮定して, (19) の両辺に右から p を作用させると

$$qp^2 = pqp + \eta p \tag{20}$$

(17),(19) を用いると

$$-mq^3F(q, p) = p^2q + 2\eta p \tag{21}$$

となりますが, この両辺に右から q を作用させると

$$-mq^4F(q, p) = p^2q^2 + 2\eta pq = -mq^4F(q, p) + 2\eta pq \tag{22}$$

(22) より $\eta = 0$ となり, $[q, p] = 0$ 以外のときはスカラー表示はできません.

そして, $qp + pq = \zeta$ のように表示されたとすれば, (ζ は任意のスカラー)$pq = qp$ ですから $2qp = \zeta$ となり, この両辺に右から p を作用させると $2qp^2 = \zeta p$ となります. この関係式に (17) を用いると $-2mq^2F = \zeta p$ が得られます. よって, つぎの交換関係が成り立ちます.

$$[q, p] = 0 \quad , \quad \{q, p\} = \zeta \quad , \quad -2mq^2F(q, p) = \zeta p \tag{23}$$

(18) および (23) の３式が, 交差型ハミルトニアンの場合の交換関係です.

141

3 ハミルトニアンの変換

ハミルトニアン $H = p^2/2m + U(q)$ を q, p の関数とみて，つぎのような変換を導入してみます．

$$\begin{pmatrix} q \\ p \end{pmatrix} = \begin{pmatrix} a_{11} & a_{12} \\ a_{21} & a_{22} \end{pmatrix} \begin{pmatrix} Q \\ P \end{pmatrix} = A \begin{pmatrix} Q \\ P \end{pmatrix} \tag{24}$$

$$A := \begin{pmatrix} a_{11} & a_{12} \\ a_{21} & a_{22} \end{pmatrix}$$

ここに A はスカラー行列であり，この変換によりハミルトニアン $H(q, p)$ は $K(Q, P)$ に変換されます．

$$K(Q, P) = \alpha Q^2 + \beta P^2 + \gamma(QP + PQ) \tag{25}$$

$$\alpha = \frac{1}{2m}(a_{21}^2 + m^2\omega^2 a_{11}^2) \tag{26}$$

$$\beta = \frac{1}{2m}(a_{22}^2 + m^2\omega^2 a_{12}^2) \tag{27}$$

$$\gamma = a_{21}a_{22} + a_{11}a_{12} \tag{28}$$

そして，交換関係とハイゼンベルク方程式はつぎのようになります．

$$[q, p] = \det(A)[Q, P] \tag{29}$$

$$i\hbar\dot{Q} = [Q, K] \tag{30}$$

$$i\hbar\dot{P} = [P, K] \tag{31}$$

ここで特に $\alpha = 0, \beta = 0$ の場合を考えてみると，（26），(27) から

$$a_{12} = \pm i a_{22}/m\omega \tag{32}$$

$$a_{21} = \pm i m\omega a_{11} \tag{33}$$

となりますが，$\det(A) \neq 0$ の条件から，複号同順でなければなりません．この場合

$$\gamma = \pm i(m\omega + \frac{1}{m\omega})a_{11}a_{22} \tag{34}$$

$$\det(A) = 2a_{11}a_{22} \tag{35}$$

$$K = 2\gamma QP - \frac{i\hbar\gamma}{\det(A)} \tag{36}$$

(35) から，$\tilde{K} := K + i\hbar\gamma/\det(A)$ を新たなハミルトニアンと考えれば，$\tilde{K}$ は κQP 型，つまり交差型となります．

一般には，変換後のハミルトニアン (25) は自乗型と交差型の和ですから，これを混合型とよびます．そこで，混合型の場合について考えてみます．

3.1　$H = \alpha q^2 + \beta p^2 + \delta(qp + pq)$ の場合

この場合は，力の関数を $G(q, p)$ を仮定します．

ハイゼンベルク方程式に H を代入すると

$$ih\dot{q} = \beta[q, p^2] + \delta[q^2, p] \tag{37}$$

$$ih\dot{p} = \alpha[p, q^2] + \delta[p^2, q] \tag{38}$$

$x := [q, p]$ と定義して, 運動方程式 (2),(3) を用いると

$$ih\frac{p}{m} = \beta[q, p^2] + \delta[q^2, p] \tag{39}$$

$$= \beta(xp + px) + \delta(xq + qx)$$

$$-ihG(q, p) = \alpha[p, q^2] + \delta[p^2, q] \tag{40}$$

$$= -\alpha(xq + qx) - \delta(xp + px)$$

ここで x をスカラーと仮定すると

$$ih\frac{p}{m} = 2x(\beta p + \delta q) \tag{41}$$

$$ihG(q, p) = 2x(\alpha q + \delta p) \tag{42}$$

(41),(42) から x を消去すると

$$(\alpha q + \delta p)p = mG(q, p)(\beta p + \delta q) \tag{43}$$

(43) が一般的な q, p の間の関係式です.

特に, $\alpha = \beta = 0$ の場合は $p^2 = mqG(q, p)$ となり, また $\delta = 0$ のときは, $\alpha = m\beta G(q, p)$ という条件が課せられます.

4 一般的な交換関係

いままでの議論では交換子はスカラーに限定していました. この制限を除くとこれまでの表示式は以下のようになります.

まず, 自乗型ハミルトニアン $H = \alpha q^2 + \beta p^2$ の場合には, ハイゼンベルク方程式は

$$ih\dot{q} = \beta(qp^2 - p^2q) = \beta(xp + px) \tag{44}$$

$$ih\dot{p} = -\alpha(xq + qx) \tag{45}$$

ただし $x := [q, p]$ と表わしています. 運動方程式を適用すると

$$ihp = m\beta(xp + px) \tag{46}$$

$$ihG(q, p) = -\alpha(xq + qx) \tag{47}$$

$\alpha(xq + qx) \times (46) + (47) \times m\beta(xp + px)$ を計算すると

$$\alpha(xq + qx)p + m\beta G(q, p)(xp + px) = 0 \tag{48}$$

これが自乗型ハミルトニアンの場合の一般条件式です.

143

つぎに交差型ハミルトニアンの場合を考えます.

§2.2 と同様の計算をたどると, 一般的な条件は

$$p^2 + mqG(q, p) = 0 \tag{49}$$

のみとなります. 他の交換子, 反交換子に制限はありません.

そして, 混合型の場合は次式の条件が導かれます.

$$i\hbar(\alpha p + m\delta G(q, p)) = m(\alpha\beta - \delta^2)(xp + px) \tag{50}$$

5 自由落下運動

自由落下運動の落下軸を q 軸とすれば, 運動方程式は g を重力の加速度として

$$m\dot{q} = p \tag{51}$$

$$\dot{p} = -mg \tag{52}$$

ハミルトニアンが $H = p^2/2m + mgq$ の場合は, ハイゼンベルク方程式は

$$i\hbar\dot{q} = \frac{1}{2m}(qp^2 - p^2q) \tag{53}$$

$$i\hbar\dot{p} = mg[p, q] \tag{54}$$

(51) を使って (53) を変形すると

$$2i\hbar p = [q, p^2] \tag{55}$$

$$\text{i.e.} \quad i\hbar = [q, p] \tag{56}$$

(52) と (54) からも同一の交換関係が得られます.

そして $H = \kappa qp$ の場合のハイゼンベルク方程式は

$$i\hbar\dot{q} = \kappa q[q, p] \tag{57}$$

$$i\hbar\dot{p} = \kappa[p, q]p \tag{58}$$

運動方程式を使って変形すれば

$$i\hbar p = m\kappa q[q, p] \tag{59}$$

$$i\hbar mg = \kappa[q, p]p \tag{60}$$

この両関係式から $[q, p]$ を消去すれば

$$p^2 = m^2gq \qquad \text{i.e.} \qquad \{p, p\} = 2m^2gq \tag{61}$$

ところが式 (61) から $qp = pq = p^3/m^2g$ となりますから, ハイゼンベルク方程式 (60) より, $mg = 0$ という矛盾が生じます. よって「交差型」のハミルトニアンは存在しません.

6　おわりに

　この小論は，系に力 $X(q, p)$ が作用する場合について交換関係を計算してみたものです.

　ハミルトニアンとして３つの型を用いましたが，混合型は数学的な興味から計算してみたものです.

　この型では反交換子は，下表の $(*)$ の３式により決定されますが，いずれもスカラーではあり得ません.

　ハミルトニアンの型とスカラー型交換子との対応表は以下のとおりです.（m は運動体の質量）

H の型	自乗型	交差型	混合型
H	$H = bp^2 + \phi(q, p)$	$H = kqp$	$H = bp^2 + \phi(q, p) + k(qp + pq)$
作用力 X	$J(q, p)$	$F(q, p)$	$G(q, p)$
$[q, p]$	$i\hbar$	0	λ
$\{q, p\}$	$i\hbar + 2pq$	ζ	$\lambda + 2pq$
$\{q, q\}$	$[\{q, q\}, p] = 4i\hbar q$	$m\{q, q\}\{q, F\} = 2\zeta qp$	μ
$\{p, p\}$	$[q, \{p, p\}] = 4i\hbar p$	$-2mqF$	ν
他の交換関係	—	—	$(*)$

交差型の $\{q, p\}$ を除き，反交換子はスカラーでは表わせない

$$(*) \quad i\hbar(k\nu/m + G(2bp + kq)) = 2kp[q, \phi] + [p, \phi](2bp + kq)$$

$$i\hbar k\nu/m = (2kb\nu + 2k^2 pq)\lambda + 2kp[q, \phi]$$

$$i\hbar G(2bpq + k\mu/2) = (-2kb\nu q - k^2 q\mu)\lambda + [p, \phi](2bpq + k\mu/2)$$

参考文献

[1] 高橋 康 著「物性研究者のための場の量子論 I 」 培風館 (1974 年) 1 章

第１３章　逆 α 乗法則下の運動

1　はじめに

　文献 [1] において，万有引力が逆二乗法則にしたがわなかった場合の，惑星の運動について考察されています．そこでは，太陽と惑星との距離を r とするとき，引力が $r^{-\alpha}$ に比例すると仮定して，$\alpha = 2,3,4,5$ の場合については，詳しく解析されていますが，その他の場合は概略の解説にとどめられているようです．

　そこで，$\alpha \leq 1$ の場合について，やや掘り下げて考察して見たいと思います．

2　逆 1 乗法則の運動方程式の解析

　[1] に示されているように，$\alpha = 1$ の場合の問題の方程式はつぎのようなものです.([1] (3.9) 参照)

$$\int \frac{\mathrm{d}\zeta}{\sqrt{2\log\zeta - \zeta^2 + C}} = \theta + \theta_0 \tag{1}$$

$$\zeta := \frac{1}{r}\sqrt{\frac{h^2}{GM}} := \frac{r_0}{r} \tag{2}$$

ただし，M は太陽の質量，G は万有引力定数，h は面積速度の大きさを表す定数です．(C, θ_0 は積分定数)

　方程式 (1) において，$\zeta^2 := \mathrm{e}^t$ により変数 t を導入すると，

$$2\log\zeta - \zeta^2 + C = t - \mathrm{e}^t + C$$
$$2\mathrm{d}\zeta = \sqrt{\mathrm{e}^t}\mathrm{d}t$$

これ等の関係式を用いて方程式 (1) を変形すれば，

$$\frac{1}{2}\int \frac{\mathrm{d}t}{\sqrt{(t+C)\mathrm{e}^{-t} - 1}} = \theta + \theta_0 \tag{3}$$

ここで，式 (3) の被積分関数を $g(t)$ と名づけます．

$$g(t) := \frac{1}{\sqrt{(t+C)\mathrm{e}^{-t} - 1}} \tag{4}$$

　関数 $g(t)$ の分母の根号内の式は正値であるべきですから，$t + C > \mathrm{e}^t$ でなければなりません．そして，このような t が存在するためには，$C > 1$ である必要があります．($t > 0$ のとき，$\mathrm{e}^t > 1$ だからです) このとき，t は区間 $(-t_2, t_1)$ 内の点となります．(図 1 参照)

　そして，関数 $g(t)$ の形状は，ほぼ図 2 のようなものです．図 2 において，$t_1, -t_2$ は超越方程式 $t + C = \mathrm{e}^t$ の解であり，$(1 - C)$ は関数 $g(t)$ の極小値点です．

$$g(1 - C) = \frac{1}{\sqrt{\mathrm{e}^{C-1} - 1}}$$
$$g(0) = \frac{1}{\sqrt{C - 1}}$$

147

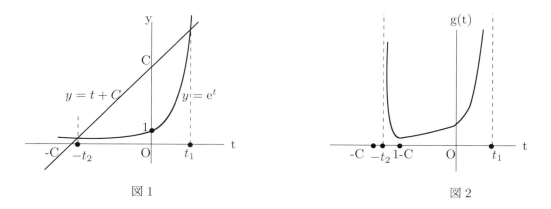

図 1　　　　　　　　　　　　図 2

以上の考察から，区間 $[-t_2, t_1]$ が動径の運動範囲となり，これを元の変数で表せば $[r_1, r_2]$ となります．

ただし，

$$r_0 = \sqrt{\frac{h^2}{GM}} \qquad \text{(t=0 に対応する点)}$$

$$r_1 = \frac{r_0}{\sqrt{t_1 + C}} \qquad \text{(近日点)}$$

$$r_2 = \frac{r_0}{\sqrt{-t_2 + C}} \qquad \text{(遠日点)}$$

$$r_h = r_0 \sqrt{e^{C-1}} \qquad \text{(t=1-C に対応する点)}$$

$$r_1 < r_0 < r_h < r_2$$

文献 1 の 8 頁以降の「α が一般の場合」の中で，$\alpha = 1$ の場合に関連しては

(a) $0 < \alpha < 3$ のとき，安定解がある

(b) $\alpha \leq 1$ で $C > 1$ の時，被積分関数の変数 ζ の取り得る範囲は限定され，これは軌道半径が限定されて

　　惑星運動となることを示す．

などが言及されていますが，今回の考察で動径の範囲がより詳しく示せたと思います．

最後に，軌道の概形を知るために，式 (3) の左辺の積分を近似計算してみます．

式 (3) は $g(t)$ を用いて，つぎのように変形出来ます．

$$\int g(t) \mathrm{d}t = 2(\theta + \theta_0) \tag{5}$$

（1）　$t = t_1$ の近傍（近日点の近傍）

$t = t_1 - x$ とおいて，微小値 x の 2 乗の項までの近似計算により，$g(t)$ はつぎのように変形され

ます.

$$g(t) \approx \frac{\sqrt{e^{t_1}}}{\sqrt{-x^2 + x(e^{t_1}-1)}}$$

$$= \frac{\sqrt{e^{t_1}}}{\sqrt{-(x-\frac{e^{t_1}-1}{2})^2 + (\frac{e^{t_1}-1}{2})^2}}$$

そこで, $x - \frac{e^{t_1}-1}{2} = \xi$ と変数変換すれば, $b = \frac{e^{t_1}-1}{2}$ として,

$$2(\theta + \theta_0) \approx -\int \frac{\sqrt{e^{t_1}}\,d\xi}{\sqrt{b^2 - \xi^2}}$$

$$= -\sqrt{e^{t_1}}\arcsin\left(\frac{\xi}{b}\right)$$

変数を元にもどして整理すると, $r = r_1$ の近傍で

$$\sin\left(\frac{2(\theta+\theta_0)}{\sqrt{t_1 + C}}\right) \approx 1 - \frac{2t_1}{t_1 + C - 1} + \frac{4}{t_1 + C - 1}\log\frac{r_0}{r} \tag{6}$$

（２） $t = -t_2$ の近傍（遠日点の近傍）

$t = -t_2 + x$ とおいて, 同様の計算をすれば $r = r_2$ の近傍で

$$\sin\left(\frac{2(\theta+\theta_0)}{\sqrt{-t_2 + C}}\right) \approx -1 + \frac{2t_2}{t_2 - C + 1} + \frac{4}{t_2 - C + 1}\log\frac{r_0}{r} \tag{7}$$

（３） $t = 1 - C$ の近傍

全く同様の計算により, $r = r_h$ の近傍で

$$\sin\left(2(\theta+\theta_0)\sqrt{e^{C-1}}\right) \approx \frac{1}{\sqrt{1 - e^{1-C}}}\left(C - 1 + 2\log\frac{r_0}{r}\right) \tag{8}$$

これらは, いずれも a, b, c をパラメータとして

$$\sin(a(\theta+\theta_0)) \approx b + c\log\frac{r_0}{r}$$

の形の近似式になっています. この式から, 一周回転した時, 左辺の正弦関数値は元にもどりませんから, 近日点が移動することになります.[*1]

3 $\alpha < 1$ の場合

$\alpha < 1$ の場合は, $r_0 := \left(\frac{h^2}{GM}\right)^{\frac{1}{3-\alpha}}$ として, つぎのような運動方程式が得られます.[*2]

$$\int \frac{d\zeta}{\sqrt{\frac{2}{\alpha-1}\zeta^{\alpha-1} - \zeta^2 + C}} = \theta + \theta_0 \qquad \left(\zeta := \frac{r_0}{r}\right) \tag{9}$$

[*1] このことは, [1] の 3 節末尾 (p.9) で言及されています

[*2] [1] の定数 $C - \frac{2}{\alpha-1}$ を改めて C としています

そして，前と同様に $\zeta^2 = \mathrm{e}^t$ により，変数 t を導入すれば，方程式（9）は以下のように変形されます．

$$2(\theta + \theta_0) = \int \frac{\mathrm{d}t}{\sqrt{C\mathrm{e}^{-t} - \frac{2}{\beta}\mathrm{e}^{\frac{-(\beta+2)t}{2}} - 1}} \qquad (\beta := (1-\alpha) > 0) \tag{10}$$

方程式（10）の被積分関数を $f(t)$ と名づければ，$f(t)$ にはつぎのような性質があります．

（1）　$f(0)$ の分母は，$\sqrt{C-1-\frac{2}{\beta}}$ ですから，$C > \frac{2}{\beta}+1 > 3$ でなければなりません．

（2）　$\lim_{t \to \infty} f(t) = \frac{1}{\sqrt{-1}}$ ですから，$t < t_1$ でなければなりません．ただし，t_1 は下記の超越方程式の解

です．

$$C - \frac{2}{\beta}\mathrm{e}^{-\frac{\beta}{2}t} = \mathrm{e}^t \tag{11}$$

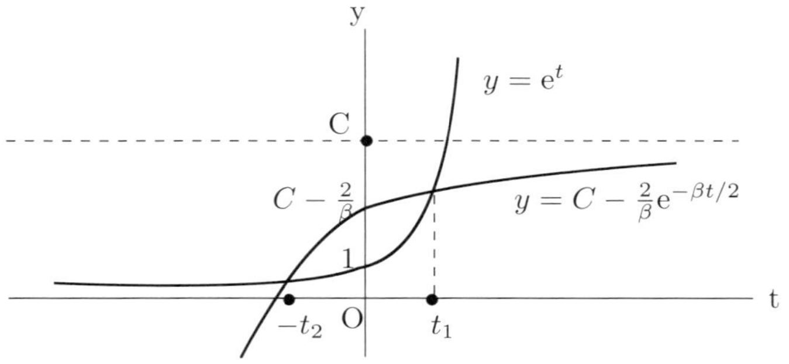

図 3

図 3 に示すように，超越方程式 (11) は二つの解 $t_1, -t_2$ をもちます．

以上のことから，$f(t)$ が意味をもつ t の区間は $(-t_2, t_1)$ となりますから，$\alpha < 1$ の法則の下では，$\alpha = 1$ の場合と同様の惑星運動となります．

ここで注目すべき事は，$\alpha \leq 0$ の場合も含まれる事です．引力が距離に依存しない一様な場合や，距離の $|\alpha|$ 乗に比例する場合も，天体は惑星運動となる事を意味しています．これは，距離に比例する求心力場は，バネの復元力に似た作用を及ぼして，天体を束縛すると解釈されます．

4　おわりに

文献 [1] の 3 節（8 頁以降）で，一般の α の場合の軌道形状について解説されていますが，ここでは，$\alpha > 1$ の場合を別の方法で確認しておきたいと思います．(定数 C は，前節と同じです)

$\alpha > 1$ の場合の軌道方程式は，式 (9) において $\beta := \alpha - 1$ とおいて，

$$2(\theta + \theta_0) = \int \frac{\mathrm{d}t}{\sqrt{C\mathrm{e}^{-t} + \frac{2}{\beta}\mathrm{e}^{\frac{(\beta-2)t}{2}} - 1}} := \int g(t)\mathrm{d}t \tag{12}$$

まず，$g(0)$ の分母の根号内の式は正値であるべきですから，

$$C + \frac{2}{\beta} > 1 \tag{13}$$

そして，$g(t)$ の分母の零点を決める方程式は，下記のようになります．

$$C + \frac{2}{\beta}e^{\frac{\beta}{2}t} = e^t \tag{14}$$

軌道方程式 (12) の解は，β の値により異なります．

[A] $0 < \beta < 2$ **の場合** ($1 < \alpha < 3$)

$\frac{\beta}{2} - 1 < 0$ により，$\lim_{t\to\infty} g(t) = 1/\sqrt{-1}$ となりますから，$t < t_1$ でなければなりません．(t_1 は式 (14) の解) ここで，関数 $\phi(t) = C + \frac{2}{\beta}e^{\frac{\beta}{2}t} - e^t$ を導入すれば，$\phi(t)$ は $t = 0$ で極大値 $C + \frac{2}{\beta} - 1 > 0$ を持ち，$\lim_{t\to\pm\infty}\phi(t) = C$ ですから，$\phi(t) > C$ です．よって，

(1) $C \geq 0$ のとき，関数 $\phi(t)$ は正値関数ですから，$t < 0$ の区間に零点はなく，動径の区間は $-\infty < t < t_1$ となります．したがって，$r > r_1 = r_0/\sqrt{e^{t_1}}$ となり天体は太陽系外に飛び去ります．

(2) $C < 0$ のとき，$\phi(t)$ は横軸と交わりますから，$t < 0$ の区間に零点 $-t_2$ が存在します (図 4 参照)．よって，天体は系内の惑星となります．(逆 2 乗法則の場合も含まれています)

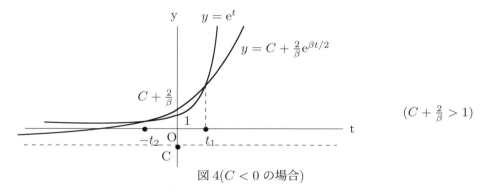

図4($C < 0$ の場合)

[B] $\beta > 2$ **の場合** ($\alpha > 3$)

まず，条件 (13) から $C > 1 - \frac{2}{\beta} > 0$ である事に注意します．このとき $g(t)$ は，以下の性質をもちます．

(a) $\lim_{t\to\infty} g(t) = 0$,　　$\lim_{t\to-\infty} g(t) = 0$
(b) $t = \frac{2}{\beta}\log(\frac{\beta C}{\beta-2})$ で，極大値 $1/\sqrt{(\frac{\beta C}{\beta-2})^{1-\frac{2}{\beta}} - 1}$ を持ちます．

上記の性質 (a) より，動径の範囲は $(0, \infty)$ となりますから，天体は太陽に落ち込むか系外に飛び去るかのいずれかとなります．(初期条件によります) $\beta = 2$ の場合は，$g(t) = \sqrt{e^t/C}$ ですから，$r = r_0/(\theta + \theta_0)\sqrt{C}$ となり，天体は太陽に落下します．[*3]

以上の内容をまとめると，次表のようになります．

[*3] $\alpha = 3$ の時の積分定数 C は，[1] では $C - \frac{2}{\alpha-1} = C - 1$ となっています

α	C	天体の運動
$\alpha < 1$	$C > 3$	惑星運動
$\alpha = 1$	$C > 1$	惑星運動
$1 < \alpha < 3$	$C < 0$	惑星運動
$1 < \alpha < 3$	$C \geq 0$	飛去彗星運動
$\alpha = 3$	$C > 0$	太陽に落下
$\alpha > 3$	$C > 0$	落下または飛去

α が小さく, 引力が強い場合には, 天体は系内に束縛され易い事が, 上表から読み取れます.

参考文献

[1] 世戸憲治, 吉田文夫, 微分方程式における興味ある問題 (6), 数学・物理通信 9 巻 6 号 (2019.9)

第14章　素粒子のスピン

1　はじめに

現代物理学の柱の一つである「量子力学」は，原子の世界の探求から創成されました.

原子の世界からのシグナルには，光電効果・黒体放射のスペクトル分布・分光輝線スペクトル分布などがあり，古典力学や古典電磁気学を用いて何とか説明しょうと研究されていました.

そのような中から，プランクのエネルギー量子仮説・アインシュタインの光量子仮説・ボーアの原子模型を経て，ハイゼンベルクの行列力学（物理量を遷移成分から成る行列と考える理論）が提唱されました.

その一方，ほぼ同時期に物質波の挙動を記述する微分方程式が，シュレーデンガーにより提唱されました.

以上のように量子力学が建設されている中で，原子の世界からのシグナルとして「スピン角運動量」の存在が明確になって来ました.

パウリにより,「古典的記述が不可能な二価性」と評されたこの物理量は，スカラーやベクトル以外のスピノールで記述されます.

以下，スピンにまつわる話題を随想的に綴って見たいと思います.

2　粒子のスピン

物質を構成する粒子や，相互作用に関与する粒子は，スピンと言う属性を持ち $\hbar$[1] を単位とした大きさ s によって二つに大別され，s が整数 (半奇数) の粒子は，ボソン (フェルミオン) と呼ばれます. フェルミオンの代表例は電子 ($s = 1/2$) で，その状態関数は 2 成分から成り，座標変換に対してスピノールの変換規則に従って変化します.

すなわち，(e_1, e_2, e_3) を単位ベクトルとして

$$S = \begin{pmatrix} \alpha & \beta \\ -\beta^* & \alpha^* \end{pmatrix} \tag{1}$$

$$\alpha = \cos(\theta/2) + ie_3 \sin(\theta/2) \tag{2}$$

$$\beta = i(e_1 - ie_2)\sin(\theta/2) \tag{3}$$

と定義すれば，$\boldsymbol{\sigma}$ をパウリ行列として

$$\boldsymbol{\sigma x}' = S(\boldsymbol{\sigma x})S^{-1} \tag{4}$$

により座標変換したとき，状態関数 $\phi(\boldsymbol{x}) = \{\phi_\mu(\boldsymbol{x})\}$ は

$$\phi'_\mu(\boldsymbol{x}') = S_{\mu\nu}\phi_\nu(\boldsymbol{x}) \qquad (\mu, \nu = 1, 2) \tag{5}$$

---

[1]プランク定数 h を 2π で割ったもの

のように変化します．式 (2), (3) から明らかなように，座標変換の回転角が 2π の時に状態関数の符号が反転し，2 回転して元の状態に戻ります．[2]

このことを模式的に説明する方法として，つぎのようなものが考えられます．
(1) ファインマンのワインダンスを実演する [?]
(2) メービウス バンドを使う
(3) 2 葉平面を使う (図 1 の $\pi 1$ 面と $\pi 2$ 面の交差線上の点 P_2 で，互いの面に乗り移るようにして，

　　点 P_1, P_2, P_3, P_4, P_5, P_2, P_6, P_4, P_1 の順に移動する）
(4) ら線状の回転運動を使う (図 2 の円筒面上で，点 P_1, P_2, P_3, P_2', P_1 の順に移動する)

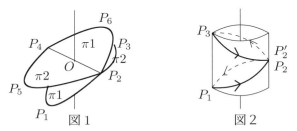

いずれにしても，単一の 2 次元平面内の運動に対応させて説明することはできません．

そもそも粒子が整数スピンをとるか半奇数スピンをとるかの，スピンの違いは，同種の 2 粒子の位置（$\boldsymbol{x}_1, \boldsymbol{x}_2$ とします）を交換したときに，状態関数がどのように変化するかに関連しています．
極微の世界の同種の粒子は全く区別ができず，2 粒子の位置を交換しても状態関数 $\psi(\boldsymbol{x}_1, \boldsymbol{x}_2)$ の絶対値の 2 乗 (存在確率) は不変とされます．

$$|\psi(\boldsymbol{x}_2, \boldsymbol{x}_1)|^2 = |\psi(\boldsymbol{x}_1, \boldsymbol{x}_2)|^2 \tag{6}$$

これから

$$\psi(\boldsymbol{x}_2, \boldsymbol{x}_1) = \mathrm{e}^{i\theta}\psi(\boldsymbol{x}_1, \boldsymbol{x}_2) \tag{7}$$

が得られ，関係式 (7) を満たす状態関数は，位相角 θ に対応して無数に存在しますから，フェルミオン ($\theta = \pi$) とボソン ($\theta = 0$) 以外の粒子 (エニオン[3]) も存在することになります．

ここで，粒子の交換による位相角の変化について，以下の 2 つの法則に留意します．
法則 (1) 2 次元仮想空間において，粒子を右回りに移動して交換した場合の位相角の変化を θ とすると，左回りにたどった場合は $-\theta$ となります．
法則 (2) 3 次元（以上）の空間では，粒子の右回り交換と左回り交換とは，区別出来ません．なぜなら，右回り交換経路は，第 3 次元の空間を介して左回り交換経路に連続的に変換できるからです．
第 1 の法則は，つぎのように説明されます．

---
[2] スピノールの解説書は多くあります．例えば，文献 1 参照
[3] 文献 3 p.99 参照

2次元平面内の2点 P_1, P_2 にある粒子 p_1, p_2 の位置交換を考えると，経路の組合せは下図の6通りとなり，$\{P_1 - P_2 - P_1\}$ と一周した時の向きは，右か左かのいずれかです．

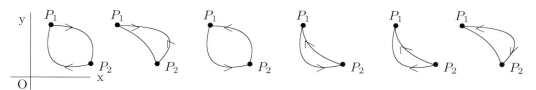

そこで，右(左)回り経路で粒子を交換したときの位相角の変化を $\theta_r(\theta_l)$ とすると，状態関数 ψ_{12} は，つぎの図のように変化します．

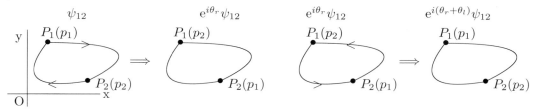

最終状態は，初めの状態に戻っていますから，$e^{i(\theta_r+\theta_l)} = 1$ となるべき事から，$\theta_r + \theta_l = 0$ つまり，$\theta_l = -\theta_r$ が得られます．（法則(1)の説明終）

そこで，粒子交換前の状態関数を ψ_{12} とし，右（左）回り交換後の状態関数を $\psi_{21}^r(\psi_{21}^l)$ とすれば，上記法則(1)より

$$\psi_{21}^r = \psi_{12} e^{i\theta}$$
$$\psi_{21}^l = \psi_{12} e^{-i\theta}$$

そして，上記の法則(2)から，3次元（以上）の空間では，粒子交換に依る状態関数について，$\psi_{21}^r = \psi_{21}^l$ となりますから，$e^{i\theta} = e^{-i\theta}$ が得られ，$\theta = 0$ 又は π となります．

つまり，位相角の違いは2種に類別され，これに対応して，スピンによる粒子の類別も，空間が3次元（以上）の場合に明白になると言えます．[?]

ついでながら，$s = 1/2$ の場合に倣って，$s\alpha = 2\pi$ なる角度 α を定義します．そして，平面内を α だけ回転して元の位置に戻る点の軌跡を描いて見ると，$s = 1, s = 2$ 及び $s = 3/2$ の場合は，つぎの図のようになります．

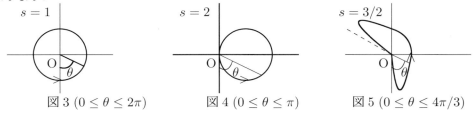

図3 $(0 \le \theta \le 2\pi)$　図4 $(0 \le \theta \le \pi)$　図5 $(0 \le \theta \le 4\pi/3)$

つまり，$s = n/2 \ (n \ge 2)$ の場合は，対応する軌跡図を描く際に第三の空間次元を必要としません．

$s = 1/m \ (m \ge 2)$ の場合は，$m = 2p$ なら，図2のような円筒を p 個連結して，ら線回転を $2p$ 回繰り返せば，元の点に戻ります．$m = 2p + 1$ なら，2回目のら線回転を $2p$ 回繰り返せば元の点に戻ります．

なお、この図解について、以下の点を補足したいと思います。
(1) 軌跡は、始点と終点が一致して、接線の角度は、始点で 0 そして終点で $4\pi/n$ でなければならない。
　　ただし、角度は縦軸下向きの方向を基準とします。
(1) 軌跡の線形は、任意の連続曲線で良く。始点部と終点部以外は、多角形でも良い。
(3) $n = 2 (s = n/2 = 1)$ の場合は、図 3 に代えて、他の例と同じ始点を持つ図 6 を用いた方が良い。
　　また、図 4 は図 7 の様に例示する事も出来ます。

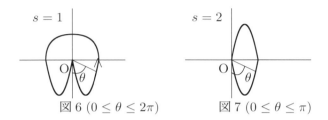

図 6 $(0 \leq \theta \leq 2\pi)$　　図 7 $(0 \leq \theta \leq \pi)$

フェルミオンは、メービウス面や 2 葉面の上で運動していると模擬されました。
また図 2 に示したら線運動は、空間が歪んでいるためと説明することもできそうです。
重力の場合から類推すると、フェルミオンに半奇数スピンを持たせるような力 (磁場エネルギー源) があるのでしょうか。

いずれにしても、フェルミオンの空間は複雑怪奇な歪んだ多次元空間であると想像されます。

3　おわりに

原子の分光スペクトルの多重項分離現象について、はじめは、原子の外側の遷移電子（光る電子）と原子内部との磁気的相互作用に起因するものと予想されましたが、実験事実をうまく説明出来ませんでした。

そこで、パウリは電子自体の属性（スピン）によるものと考えました。そして、このスピンと言う物理量を表現する演算子として、2 行 2 列の行列（パウリ行列）を導入すると共に、状態関数を 2 成分から構成されるベクトルと考えて、力学法則を各成分関数のシュレーデンガー型連立微分方程式としました。([?] 第 3 話 参照)

この後ディラックは、変換理論と相対論を論拠にして、時間変数と空間変数に関して共に一階の微分方程式 (4 元連立微分方程式) を案出します。こうして、スピンを含む理論が構成されました。これにより、ミクロの粒子は広がりと構造を持つ物と考えられます。

しかし、スピンと言う属性の由来は謎のままです。

参考文献

[1] 高橋　康 著,『物理数学ノート I』(講談社, 1997) IV 章 §5, §6

[2] Feynman, Weinberg 講演 （小林 訳），『素粒子と物理法則』 （筑摩書房， 2006） p.42

[3] 森 弘之 著，『2つの粒子で世界がわかる』 （講談社，2019） p. 96–p.103

[4] 朝永 振一郎 著，『スピンはめぐる』 （中央公論社，1974）

第１５章　高校生の宇宙論

1　はじめに

　高校生の A 君は、夏休みの自由研究として「宇宙論」を選びました. 彼は、宇宙の始期から「晴れ上り」までについて、教科書・解説書・ネット上の記事などを使って、現今の知見を収集・整理してみました.

　宇宙については、古来より神話や妄想の類の説明がなされてきたようですが、その一つとして A 君が興味をひかれたのはボルツマンの宇宙論でした. [*1]

　熱力学の第二法則によれば宇宙の現象はエントロピーが増大するように進行します.

　このことからボルツマンは過去に遡れば宇宙はエントロピーの小さな極めて秩序立ったものであったはずだと思いつきました.

　宇宙の膨張などが知られていなかった、１９世紀半ばのことです.

　ボルツマンの推論は秩序立った平衡状態の宇宙の一区画で偶発的な揺らぎをきっかけに、エントロピーの極小状態が出現して、以後エントロピーが増大する現象が続いて現今の姿になったと言うものです. ボルツマンは、大きさ不変の宇宙の一区画でこのような現象が進行したと考えたようです.

　このような極めて稀な一区画の出現確率を 0 と断定はできません. このためか、今に至るまで宇宙の起源については、定説がありません.

　宇宙については、極めて狭い領域に膨大なエネルギーを溜め込んだ状態から、熱力学の原理に従ってエネルギーの放出と膨張を続けてきたと言うのが、ほぼ定説です. ただし、膨大なエネルギーを溜め込んだ始原状態が、いかにして出現したのかについては所説ありますが、相変わらず不明です.

　ここでは、宇宙の始原状態から現在の膨張宇宙に至るまでの諸現象を考察します. そこでは、現今の宇宙論の見解を踏まえつつ、**A 君独自の用語や独断的な推論を多々交えてあります**ので、予めお断りしておきます.

　そこでまず、彼がまとめた初期宇宙の変転の物語を読んでみたいと思います.

1.1　概要

　人類の生存する宇宙は、約 137 億年前に超高エネルギーを溜め込んだ超微小領域の膨張から始まったとされています. その始原状態を超統一場（Super Unified Field 略して SUF）と呼ぶ事にします.

　そして、プランク時間（10^{-44} 秒）だけ経過した時、宇宙の膨張・冷却に伴って１回目の相転移が起こり、SUF のエネルギーの一部（潜熱部分）が重力子場（Graviton Field 略して GF）として顕在化し、残りのエネルギーは大統一場（Grand Unified Field 略して GUF）と呼ばれる宇宙になりました.

　宇宙の冷却は更に進み、10^{-36} 秒経過後には２回目の相転移が起こり、この時の潜熱が粘着子場

[*1] 文献 11 第 12 章参照

(Gluon Field 略して GLF) として顕在化します．そして、残りのエネルギーは統一場 (Unified Field 略して UF) と呼ばれています．

次いで、10^{-11} 秒経過後に 3 回目の相転移を迎え、顕在化したヒッグス場（HF と略記）の作用により、UF は弱子場（ウイークボソン場 WF と略記）と光子場（EMF と略記）とに分化し、現在に至っています．

以上の変転をまとめると、次の様な図になります．（図中のインフラトン場、アクシオン場については後で触れます）

宇宙の変転

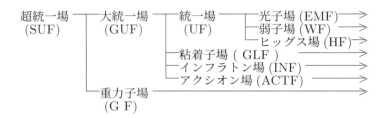

以下、時間を追って変転の詳細を読み取ってゆきます．

1.2 原初宇宙

宇宙の始まりから 2 回目の相転移（10^{-36} 秒後）迄を指します．この時期は、均一な超高エネルギーのみの極めて一様で対称的な宇宙でした．

「プランク時間より短い時間間隔は、物理的に無意味である」と言う原理に従えば、この熱く狭い宇宙を、プランク時間経過後に物理法則が支配し始めた事になります．

そこは、熱力学の法則により、「温度のみで記述される熱平衡状態」と言う事が出来ます．しかし、この平衡状態は一瞬の間の事でした．

1.3 インフレーション宇宙

2 回目の相転移（10^{-36} 秒後）から 10^{-34} 秒経過後迄の間を指します．この一瞬の間に、宇宙は 10^{30} 倍に異常膨張したと言う仮説が、インフレーション理論です．

この理論を仮定すれば、宇宙論の難問（地平線問題・平坦性問題・磁気モノポール問題）を巧みに解決出来る訳です．この驚異的な膨張のエネルギー源は、2 回目の相転移で吐き出された潜熱（の一部）であるとされています．そして、この様な激変の中で顕在化したのが、強い相互作用を媒介する粘着子場（GLF）です．この場は、色荷を苛量とするもので、誕生のトリガーの役割を果たした場として、「インフラトン場」（INF と略記します）を設定する仮説があります．[*2]

一方、強い相互作用においては「CP 対称性が保存される」という経験則が知られていて、これ

[*2] インフラトン場の量子が、今日の物質粒子の原型と解されています．文献 9: 3 章及び 5 章 参照

を説明する理論（Peccei-Quinn 理論）[3]から導かれる「アクシオン場」（ACTF と略記します）は暗黒物質の候補の一つとされています．これらの仮説が正しければ、GUF のエネルギーは UF, GLF, INF, ACTF の四つの場に分割された事になります．

1.4　ビッグバン宇宙

宇宙のインフレーション膨張が終結したとされる 10^{-34} 秒経過後から、10^{13} 秒（約 38 万年）経過後迄を指します．

この期間には、以下の五つの事象が含まれます．

（1）3 回目の相転移（10^{-11} 秒経過後）
概要で述べた様に、UF のエネルギーが HF、WF、EMF に分割されます．HF(ヒッグス場) は、相転移のきっかけとなった場で、2 回目の相転移の時に仮定されたインフラトン場のモデルと言われています．

（2）クオークの閉じ込め（10^{-4} 秒経過後）
核子及び中間子が形成され、単独のクオークは見られなくなります．

（3）物質と反物質の対消滅・対生成の終止（1 秒経過後）
宇宙の膨張・冷却により対生成が終結して、光子場（EMF）のみが残存する様になります．但し、物質は完全に消滅した訳では無く、反粒子 10 億個に対して「10 億 +1 個」の粒子が存在していたため、現在の宇宙の姿に至ったとされています．[4]

素粒子の崩壊現象の中には、CP 対称性を破るものがあります．（K 中間子の崩壊）これは、粒子と反粒子が宇宙で常に対等の存在では無い事を意味しており[5]、物質が消滅しなかった事につながったと考えられます．

（4）軽原子核の誕生（1 秒経過後から 3 分経過後）
水素やヘリウムなどの原子核が形成されました．

（5）軽原子の生成（10^{13} 秒経過後）
約 38 万年経過した頃から、電子が原子核に捕縛され始めて軽い原子の形成が進行します．これにより光子の運動は自由になり、宇宙は晴れ上りました．この時の光子場が、姿を変えて現今の宇宙背景放射となっている訳です．

晴れ上り以降の宇宙を**膨張宇宙**と名付けます．膨張宇宙の中では、用意された軽元素から重力作用により星の形成が始まります．星はその質量に応じた終末を迎えて、構成元素の多くを宇宙に返しますから、返された元素を材料として新たな星の形成が進行します．この様な誕生と死を繰り返す内に、徐々に重い元素も造られて現在の宇宙の姿に至りました．

---

[3] 文献 6:p.318 参照
[4] 文献 1:p.95 及び p.121〜p.127 参照
[5] 文献 8:p.80〜p.89 参照

2 A 君のレポートを読んで

　宇宙という一つの熱力学系の一次相転移に着目して、その変遷をまとめています. ここでの相転移では、過冷却によって放出されたエネルギー（潜熱）がゲージ場 (相互作用に関わる整数スピンの場を指します) のエネルギーとして顕在化します. ゲージ場は、固有の「苛量（チャージ）」を湧き出し口（又は吸込み口）として、真空全域を変質させて相互作用を支配します.

　この事から、宇宙は多種類の場を階層的に内包している事になります.

　インフレーション前後の苛量担体は、狭い[*6]高熱の宇宙の中を光速で運動していました. この様な状況では、狭い宇宙は苛量担体で埋め尽くされていると考えて良いですから、その苛量のゲージ場のエネルギーは一様になります. つまり、そのゲージ場は顕在化しません.

　当初の極めて均一で秩序立った宇宙は、冷却と伴に対称性が偶発的に破れて、多様なゲージ場と物質の並存状態となり、エントロピー増大の原理を体現していると言えます.

　以下、苛量を中心に A 君と深めた議論の結果を記しておきたいと思います.

[0] 原初の宇宙

現在の宇宙は 137 億年前から膨張しているとされます. それならば、137 億年前の超高エネルギーのプランクスケール領域はいかにして実現したのでしょうか. このためには、宇宙には収縮時期があったと考えざるを得ません. すると、膨張宇宙が収縮宇宙に変転するメカニズムが問題になります. つまり、膨張と収縮を繰り返すメカニズムが宇宙には必要であるように思われます.[*7] この作用は、宇宙の内部構造には左右されない循環的なものと仮定しておきます.

　プランク時刻以前の宇宙 (SUF) の状態は、物理法則の通用しない未知の場とみなされますが、この未知の場を重力子場 (GF) と反重力子場 (Anti-GF 略して AGF) との混合場と考えてみます. AGF は拡散しようとし、GF は凝集しようとしますが、宇宙内の場の作用に左右されない宇宙の収縮作用により、プランクスケール（$10^{-35}m$）の領域に高エネルギーが凝集した状態が実現したとします. このような状態では、GF は超巨大ブラックホールのような状態です. 一方、占有体積に比例する AGF の斥力は、この高密度状態では GF の引力には抗することができず、混合場が出現することは十分にあり得るでしょう.

　しかし、この混合場の出現から 10^{-44} 秒後に SUF の対称性が破れ、1 回目の相転移により、反重力子場と原始重力子場 (Original Graviton Field 略して OGF) に分化しました. つまり、通常の世界 (Bright World) と暗黒場の世界 (Dark World) との分化でした.

　この反重力子場のトリガー作用により、原始重力子場から大統一場 (GUF) と（現存する）重力子場 (GF) および暗黒物質の場（Dark Substance Field, 略して DSF) が分化したと考えられます. そして、反重力子場は暗黒エネルギーの場 (Dark Energy Field, 略して DEF) に変転したものと推定されます.

[*6] インフレーション終結時で、1m 程度という試算があります. 文献 7:p.138 参照

[*7] このメカニズムについての仮説が, 文献 [12] の第 7 章や, 文献 [7] の付録にみられます. [7] では, 宇宙の膨張・収縮の繰り返しを超弦論の「T デュアリティー」で説明しています. また [12] では, 超弦論の「一対の D ブレーン」の兆年単位の挙動により説明しています

[1] スピン

上記の原初の宇宙を、プランク尺度の一個の素粒子とみなして、これを"素元量子"と呼びます. 量子論によれば、その様なものはスピンと言う属性を持ち、その素量は半奇数です. このスピンを「渦巻く流体」の渦の強さであると考えて見ます.(スピンの単位次元は、[時間]×[エネルギー]=[作用] で角運動量の次元と同一です)

宇宙 (素元量子) が膨張すれば、量子論的揺らぎからエネルギー分布のむら（斑）が生じます. このため、素元量子内に新たな渦が生じ、プランク尺度毎に二次的素元量子が生成します. 以後、三次的量子が生まれたり、二次的量子が分裂したりして、宇宙は素元量子場を形成します. これが、大統一場（GUF）であって、この中で混合する素元量子の数により、半奇数スピン量子と整数スピン量子の区別が生じ、前者は「パウリの排他性」を有します.

膨張・冷却により、一個の素元量子の保持出来るエネルギーは低下し、やがてインフレーション期を迎えて、半奇数スピンの場は属性の違いにより、整数スピン場から分化します. これが、インフラトン場と考えられます.

[2] 質量苛（エネルギー又は慣性質量）

相対性理論の示す様に、慣性質量とエネルギーとは互いに変換する事の出来る物理量ですから、両者は共に GF（重力子場）の苛量（質量苛）となります. 宇宙の始原期には、超高温の放射場の中で、粒子・反粒子の生成・消滅が繰り返されると言う放射優勢の時期でしたから、質量苛は当時の狭い宇宙全体に充満していた事になります. そのため、宇宙空間全体としては歪みは発生していませんでした.

その後、相転移によりインフラトン場（INF）が顕在化します. この転移はスピンの対称性の破れ（半奇数スピンの分化）であり、インフラトン（ここでは原クオークと呼びます）は、10^{-11} 秒経過後の HF の顕在化後に、弱苛を介した相互作用により光速運動が出来なくなります. つまり、慣性質量を持つ様になり、質量苛の別の形態 (凍結エネルギー) が出現しました.

[3] 色苛と弱苛

色苛と弱苛 (弱アイソスピン) に起因する相互作用の到達距離は共に有限ですが、ここではその由来について確認して置きます.

インフレーションが引き起こされた極めて躍動的な 10^{-36} 秒経過後の相転移で、二種のスピン及び三種の色苛が対称性を破って顕在化しました. そして、ゲージ場である粘着子場（GLF）自身が色苛を具備しているとされますから、色苛の真空偏極の漸近的自由性 [3] により、強い力はバネの様な性質を呈し、色苛の担体であるクオークを核子内（$10^{-15}m$）に閉じ込めます.

ちなみに、クオークは分数電荷を持つとされていますが、その由来についての仮説を付録1で紹介します.

一方、10^{-11} 秒経過後の相転移は、ヒッグス機構による弱子場（WF）と光子場（EMF）の分化でした. この分化した WF のゲージ粒子である弱子 (ウイークボソン) が、ヒッグス機構により獲得した慣性質量を持つため、作用範囲は $10^{-18}m$ 程度に限られます.

[4] ヒッグス場（HF）

HF の波動関数 ϕ と場のエネルギーとの関係は、ワインの瓶底の様な対称性の破れ易い独特の形状を持つものとして、人為的に考案されました. 宇宙のエネルギーが高い時は、ϕ は零で、相転移後の安

定状態では、$\phi = v(>0)$ となって、場の挙動の原点が v だけずれます.($\phi = v + \Phi$)

この新しい原点には、相転移熱を受け取った無質量の 4 個の量子場[*8]が生成され、この内の 3 個の量子場が UF のゲージ量子場と相互作用して[*9]、WF のゲージ粒子（W^+, W^-, Z）と EMF の光子を生み出し、残りの 1 個は場の形で宇宙全体に拡がりました.

上記の HF との相互作用（ヒッグス機構）で、EMF の量子（光子）だけは、質量を持たない（ラグランジアン密度に質量項が無い）事が導かれます. 一方、インフラトン (原クオーク) は弱子と同様にして質量を持つ事になりました. ちなみに粘着子場のエネルギーは、核子の原点で零に近づき核子境界で無限大になりますので、粘着子の質量が零であると断言していない専門書もあります.[*10]

[5] 波動と粒子

古典物理の世界では、波動場と物質粒子とは対極的で相容れない概念です. が、量子物理の世界では、観測対象は両様の性質を見せます. これは、その様な観測実験は高エネルギーを要するものが一般的ですから、元々波動場と物質との違いの無かった対称世界に近づいた結果と見られます. 原初の高温宇宙では、スピンの種別に関係無く波動場としての放射場の形態が優勢でしたが、膨張・冷却と伴に半奇数スピンの量子場は、その排他性の故に局在化して粒子の形態を取る様になり、一方で整数スピンの量子場は、その凝縮性により空間全域に拡がる場として存在する様になったと解されます.（[1] スピン 参照）

3　初期宇宙変転の再考

第 2 節の考察を加味すると、宇宙変転の図は次の様に訂正されるべきでしょう.

宇宙の変転（改）

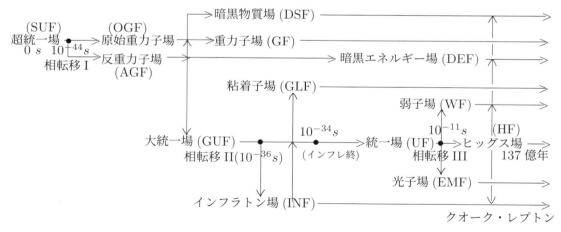

[*8] 南部・ゴールドストン量子場
[*9] ラグランジアン密度の相互作用項の因子 ϕ を $v + \Phi$ で置換すると、$\lambda v^2 \Phi^2$ の形の質量項が現れます. 詳しくは文献 4 及び文献 5 参照
[*10] 文献 4:p.191 参照

ゲージ場の分化

$$
\begin{array}{l}
GF \\
GUF
\end{array}
\begin{pmatrix} gr \\ gu \end{pmatrix}
\begin{array}{l}
\longrightarrow GLF \\
\longrightarrow UF
\end{array}
\begin{array}{l}
GF \\
\\
\end{array}
\begin{pmatrix} gr \\ gl_1 \dots gl_8 \\ ew \end{pmatrix}
\qquad
\begin{array}{l}
GF \\
GLF \\
\longrightarrow WF \\
\longrightarrow EMF
\end{array}
\begin{pmatrix} gr \\ gl_1 \dots gl_8 \\ W^+, W^-, Z \\ \gamma \end{pmatrix}
$$

スピン・色苛の対称性の破れ　　　　弱苛の対称性の破れ

注：gr は重力子、gu は GUF の量子、ew は UF の量子、gl_i は粘着子を意味します.

素粒子の苛量

	重力子	粘着子	光子	弱子	インフラトン	ヒッグス粒子	暗黒物質
質量	0	0?	0	有	有	有	有
色苛	0	有	0	0	(有)	0	0
電荷	0	0	0	(有)	(有)	0	0
弱苛	0	0?	0	有	有	有	有
スピン	2	1	1	1	1/2	0	?

注：(有) は一部の素粒子がその苛量を有する事を意味します.

4　おわりに

　宇宙の初期を語る事は、物質の根源を語る事になります. 今回の考察で、その根源を目指しましたが、模索は続きます.

　（1）重力子場は宇宙そのもので、常に背景の様に存在しています. 従って、他のゲージ場とは役割が異なり、ゲージ場として統一するのは無理なのかも知れません.

　（2）慣性質量（凍結エネルギー）の起源は、弱苛相互作用です. その結合定数を決めるのは、宇宙初期の素元量子から分け与えられたエネルギーかも知れません. 素元量子のエネルギーは、インフラトン場と各種ゲージ場及びヒッグス場に分配されましたが、分配に規則は無く、量子論的揺らぎが介在していました.

　したがって、電荷のような単位素量は無く、現在の標準素粒子論では弱い相互作用の結合定数を決める術は無いと思われます.(付録 2 参照)

　この他、「弱い相互作用が左巻き粒子を選好する理由」や「粒子と反粒子の存在比 $(10^9 + 1 : 10^9)$ の由来」など、謎は尽きません.

付録 1　分数電荷

　素粒子の標準理論では、$-e$ を電子の電荷とする時、クオークの電荷は $-e/3$ 又は $2e/3$ とされています. この分数電荷の由来を解き明かすために、苛量がどの様に宇宙に現れたかを振り返って見ます.

宇宙誕生から 10^{-36} 秒経過後の相転移で、半奇数スピンのインフラトン場 Q が分化しました. この量子 Q（原クオーク）は、色苛と電荷を内包していますが、色苛は三原色（赤 R、緑 G、青 B）に分化しないで対称性を保持した無色状態 (C_0) です. そして、未だカイラリティの区別が無いですから、弱苛を考慮する必要はありません.

　一般に、量子 X の状態を X(電荷、色苛、スピン) の様に表す事にすれば、量子 Q の状態は

　　　原クオーク $Q(-e, C_0, (2n-1)/2)$　　　(C_0 は無色を意味し, スピン単位量 $\hbar$ は省略します)

となります.（n は正整数）

　やがて膨張・冷却に伴って色苛の対称性が破れ、三原色が分化します. この分化は量子 Q の分割を伴うはずです.（Q のままでは、無色継続）そして、この分割に伴って電荷も分割されたと考えられます.[11] ちなみに、スピンの本性は量子の回転であり、分割された量子にも同じ回転が存続しますが、強さは分割されます.（6 節 [1] スピン 参照）そして、分割前の量子のスピンが素量である 1/2 の場合は、分割後の素量未満の回転は消滅してスピンは零となり、3/2 以上であれば分割量子は半奇数スピンを持つと考えられます. こうして、

$$\text{クオーク } q(-e/3, C, (2m+1)/2)$$
$$\text{擬クオーク } b(-e/3, C, 0)$$

が現れると推測されます.(C は R,G,B のいずれかで、m は負でない整数)

　ところで、相転移の終了までを仔細に追跡すれば、Q とその反粒子 $\bar{Q}$ 及び q とその反粒子 $\bar{q}$ などが混在していたはずです.

$$\begin{aligned}\text{原クオーク Q} \quad & Q(-e, C_0, (2n+1)/2) \\ \text{Q の反粒子} \quad & \bar{Q}(e, C_0, (2n+1)/2) \\ \text{クオーク q} \quad & q(-e/3, C, (2m+1)/2) \\ \text{反クオーク} \quad & \bar{q}(e/3, \bar{C}, (2m+1)/2) \quad (\bar{C} \text{ は } C \text{ の補色})\end{aligned}$$

これ等の混合状態を考えて見ると、

$$N \equiv \bar{q} \oplus b = (0, C_0, (2m+1)/2)$$

は、ニュートリノの原型 (原ニュートリノ) となります. そして

$$H \equiv b \oplus \bar{b} = (0, C_0, 0)$$

はヒッグス粒子になると見られます. ここで、

$$G \equiv q_1 \oplus \bar{q}_2 = (0, (C_1, \bar{C}_2), k) \quad (k \text{ は正整数})$$

$$B \equiv \bar{Q} \oplus q = (2e/3, C, n)$$

---

[11] クォークとレプトンの電荷比が 1/3 である事は, $SU(5)$ 大統一理論から導出されます. 文献 [10] 参照

$$U_+ \equiv B \oplus \bar{b} = (e, C_0, n)$$

なる混合量子 G, B, U_+ を考えます.

まず, $C_1 \neq C_2$ の時、G は粘着子場の原型と見られます.[*12]

そして, $C_1 = C_2$ の時は, $G = (0, C_0, k) \equiv U_0$ となりますから、U_0 と U_+ とから、統一場 (UF) の原型を構成する事が出来ます. 即ち、§3 の「ゲージ場の分化」の図の量子 ew は、標準理論に当てはめれば $\{U_+, U_0, U_-, V_0\}$ と考えられます.(U_- は U_+ の反量子であり、V_0 は電磁力に関する無電荷の量子です) そして、ヒッグス場の南部・ゴールドストン量子との相互作用により、$U_\pm$ は $W^\pm$ に変り、U_0 と V_0 は混合して Z と γ を生成したと解されます.(4頁 [4]HF 参照)

次に、B と原ニュートリノ $N(0, C_0, (2m+1)/2)$ を混合させると、

$$B \oplus N = (2e/3, C, n+m+1/2)$$

となり、電荷 $2e/3$ のクオークが得られます. 一方、同一色苛の反粒子 $\bar{B}$ とクオーク q を混合すると、

$$\bar{B} \oplus q = (-e, C_0, n+1/2)$$

となり電子の仲間（電子、ミュウオン、タウオン）が得られます.

そして、冷却と伴にこれらの量子はより小さいスピンの量子に変転し、次の相転移 III 後に質量とカイラリティを持つ事になります.

付録2　弱い相互作用の結合定数 g_2

クオークやレプトンは、2個のペアで一つの世代を構成していますので、このペアを「弱アイソスピン I^w」と言う量子数の二重項と考えて、$I^w = 1/2$ とします. この I^w の第三成分 I_3^w が弱苛と呼ばれている量で、その固有値（1/2 又は-1/2）がペアの粒子を区別します. そこで、ハドロン[*13]の量子数の間の関係式（中野・西島・ゲルマンの公式）に倣って、弱超電荷 Y^w を導入して、粒子の電荷 Q を $Q = I_3^w + Y^w/2$ と表して見ます. そして、電荷の単位素量（結合定数）を e とし、I^w 及び Y^w の素量を夫々 g_2, g_1 とすれば、電弱統一理論 (ワインバーグ理論) により $e = \frac{g_1 g_2}{\sqrt{g_1^2 + g_2^2}}$ が導かれます.[4] しかし、これだけでは g_1 や g_2 を決定する事は出来ません.

参考文献

[1] S.Weinberg 著　小尾信弥　訳「宇宙創成はじめの三分間」ダイヤモンド社 1990

[2] Lederman,Hill 共著　青木　薫　訳「量子物理学の発見」文芸春秋 2016
　　　p.205 の図は、物質粒子とヒッグス場との相互作用を明示しています.

[3] 原　康夫 著「量子色力学とは何か」丸善 1991
　　　漸近的自由性については p.105〜p.109 参照

[*12] 8種の粘着子の色苛は $R\bar{B}, R\bar{G}, G\bar{R}, G\bar{B}, B\bar{R}, B\bar{G}, (R\bar{R} - G\bar{G})/\sqrt{2}, (R\bar{R} + G\bar{G} - 2B\bar{B})/\sqrt{6}$ とされています

[*13] 核子類と中間子類の総称

[4] 原　康夫 著「素粒子物理学」裳華房 2003
　　ヒッグス機構については p.118～p.125 参照
[5] 坂井典佑 著「素粒子物理学」培風館 1995
　　ヒッグス機構については§ 6.2～§ 6.4 参照
[6] 多田　将 著「すごい宇宙講義」イースト・プレス 2013
[7] 川合　光 著「はじめての＜超ひも理論＞」講談社 2005
[8] 小林　誠 著「消えた反物質」講談社 2008
[9] 吉田信夫 著「量子宇宙論入門」講談社 2013
[10] 菅野 礼司 著「素粒子・クォークのはなし」新日本出版社 1985
　　分数電荷については, 161 ページ参照
[11] ポール セン 著 水谷 淳 訳「宇宙の謎を解く唯一の科学 熱力学」河出書房新社 2021
[12] P. スタインハート , N. トゥロック共著 水谷淳訳「サイクリック宇宙論」早川書房 2010
　　"第 7 章　宇宙のサイクリックモデル" (p.171～p.189) 参照

第16章　スピンと宇宙

1　はじめに

かつて，光の媒質をめぐってエーテル論争が繰り広げられました．
この論争が，（特殊）相対性理論を生む契機となりました．
ここでは，素粒子のスピンについて一つの妄想を展開してみたいと思います．
これが，時空の根源の理解のきっかけになればと妄想しながら．

2　素粒子のスピン

物理学は，自然現象および自然空間そのものの真相実態を解明してきました．

それによれば，自然空間はプランク長さ程度以下の極微空間（セルと仮称します）の集合体で，これを「場」とよびます．この場を構成するセルは，零点エネルギー以上のエネルギーを有し，その揺らぎが大きい場合には対応する素粒子としての挙動を示します．時空の一様・等方性からこの素粒子を，プロンク長さ程度の直径を持つ球体として模式化してみることにします．

素粒子を記述するには，その運動状態を表わす空間位置と速度が基本量となります．この基本量から角運動量が算出されますが，素粒子を上述の球体模型とすると，その自転に相当する角運動量（スピン）も想定されて，実際に素粒子の固有特性の一つになっています．

スピンという属性は，電子において最初に見出され，その大きさは 1/2 というものでした．この大きさと電子の自転現象との対応付けから，電子という素粒子は 2 回転して，ようやく元の状態に戻ると考えられました．

その後，他の素粒子についてもスピンという属性が確認され，整数スピンのグループ (E_b) と逆整数スピンのグループ (E_f) に大別されました．

各々のグループに属する素粒子は自然界における役割が異なり，日常的な状態では互いに他のグループの素粒子に変化することは無いとされています．

3　整数スピン

スピンが s の素粒子は，$1/s$ 回の自転により元の状態に戻るという模型を考えます．

s が整数 m のときは，この模型では $1/m$ 回の自転により元の状態に戻ることになります．たとえば，$m=1$ なら一回 (360 度) の自転で元の状態に戻るということで，日常の感覚と合致します．しかし $m=2$ の場合は，半回（180 度）の自転で元に戻ることになります．

この現象を説明するために，球体に模した素粒子の表面状態の違いを想定してみます．$m=2$ の素粒子の表面は，自転軸を含む平面で二分割した半球面の状態はそれぞれ同一のものと考えれば，一回の自転で同一状態が二回繰り返されたと認識されます．これは，半回（180 度）の自転で元に戻ることと，同じ効果があると想定されます．

この考え方を一般化すると, $s = m$ の場合には球面を m 等分した部分が同一状態で, $1/m$ 回の自転で元に戻るという効果を示すとされます.

そして m が無限に増大すると, 球面全体が同一状態（のっぺらぼう）となります. このような素粒子は回転しても認識できません. ただし, スピンが大きいということは, その素粒子の場のエネルギーが高いということですから, 重力の作用には影響が出るでしょう.

4 逆整数スピン

スピンが s の素粒子は, $1/s$ 回の自転により元の状態に戻るという模型を考えています.

s が逆整数 $1/n$ のときは, この模型では n 回の自転により元の状態に戻ることになります. たとえば, $n = 2$ なら二回 (720 度) の自転で元の状態に戻るということで, 日常の感覚と合致しません.

これを説明するには, 素粒子の同一位置での自転のみでは難しく, 位置の移動を伴う「らせん自転」を使うのが, 一つの方法です. この方法では, 素粒子表面の状態は問題にしません. ただしこの説明では, 空間次元を増やす必要があります.

たとえば $s = 1/2$ の場合は, 素粒子は自転しながら円筒面をなぞるように上昇し, 一回自転した時点では元の点の真上に位置し, ついで自転しながら円筒面を下降して元の点戻るという運動で説明できます. このとき空間次元は一つ増えています.[1]

この模式的な考え方を敷衍すると, $s = 1/n$ の場合には $2 + (n-1) = n+1$ 次元空間でらせん自転運動を用いることになります. らせん運動が多次元にわたる場合は, 当然に場のエネルギーも多用されますから, 場のエネルギーの増大と空間次元の増加が結びつけられます. そして $\lim_{n \to \infty} 1/n = 0$ となる極限状態では, 可算無限 ($\aleph_0$) 次元の空間を想定することになります. この場合のスピンは 0 です.

5 スピンと宇宙構造

§3 , 4 の考察 (妄想) から, グループ E_b のスピン s が ∞ のとき, およびグループ E_f のスピン s が 0 のときは, ともに場のエネルギーは無限大と結論されました. そして $s = 0$ のときの場の次元は可算無限大 ($\aleph_0$) とされました.

現実の宇宙には, 両グループの素粒子が存在していますから, 宇宙のエネルギーは無限大にも成り得ることになります. これはかなり信憑性の高い仮説である「ビッグバン」状態に相当するものでしょう.

また, 多次元の宇宙の可能性は「素粒子の弦理論」で導かれています. (時間軸を含めて 10 次元の時空で理論が展開されています) そして, $s = 0$ の場は「ヒッグス場」として確かめられています. ヒッグス場を捉えた瞬間には, 加速器の衝突点では $\aleph_0$ 次元空間が出現していたのかも知れません.

宇宙のビッグバン理論によれば, 極超高エネルギー状態の宇宙が膨張を続けて今日の状態に至ったとされています. 初めの状態では, のっぺらぼうの素粒子やスピン 0 の素粒子が飛び交い, プラ

---

[1] 文献 [1] §2 図 2 参照

ンクスケールの $\aleph_0$ 次元宇宙だったでしょう. 宇宙が冷えて高エネルギーの素粒子が姿を消して, スピン $1/m$ 以上の素粒子のみが残存する状態では, $(m+2)$ 以上の次元にはエネルギーが供給されなくなり, コンパクト化していったと考えられます.

では, 宇宙はこの先どのような姿になるのでしょうか.

何兆年か先に宇宙の星々が燃え尽きて, 絶対零度の宇宙になるでしょう. 物質が無いということは, グループ E_f の場が消滅することで, 宇宙は E_b の場の凝縮状態ということになります. そして「逆整数スピン」の場がなければ, 空間次元は二次元以下で十分です. つまり, 宇宙はプランクスケール以下の厚みを持つ平面となっているでしょう. 平面となるのは, 空間の一様・等方性によります.

しかしこの無限に広がった平面が, 線状に縮退する要因は見当たりません. E_b の場は零点エネルギーを持ち, 揺らぎにより素粒子の姿を見せることもあります.

このような凍てついた宇宙は, 永遠に続くのでしょうか.

宇宙論の中にマルチバース論があります. それによれば, 我々の宇宙に隣接して多数の異なる様相の宇宙が存在すると言われています. その境界については明快な説明が無いように思いますが, もしある種のトンネル効果によりエネルギーのやり取りがあれば, 凍てついた宇宙が目覚めることがあるかもしれません.

一度エネルギーの流入が始まれば, 隣接宇宙のエネルギーと我々の宇宙のエネルギーが均衡するまで続き, この均衡点での我々の宇宙は, その均衡エネルギーに対応する規模にまで膨張しています. そこでは, E_f の場が復活していることでしょう.

そしてこの膨張運動は慣性により持続して減速膨張となり, やがて凍てついた宇宙に戻ることでしょう. これは隣接宇宙に左右される「E_f 場の復活と消滅」の繰り返しです.

6 おわりに

スピンに関して妄想を広げれば限りはありません.

最後にいくつかスピンにまつわる話題を列挙しておきます.

[1] $s = 1/n$ の素粒子については, その表面の多重構造による説明もあり得ますが, 素粒子は本来構造を持つべきものではありませんから, そのような考え方は採りません.

[2] この論述では, 「逆整数スピン」という表現をしています.

通例では「半整数スピン」と記します.

しかしこの表現では, 「$1/3, 1/5$」などの分母が奇数のものが含まれません.

よって「逆整数スピン」記すのが適当と考えます.

これとは別に, $s = p/q$ (p, q は互いに素) の型のスピンは, $1/q$ のスピンが合成されたものと解釈すれば良いと思います.

前節までに書き留めたことは, 様々な書物や資料から得た知識を寄せ集めたごった煮のようなものです.

物理学におけるおとぎ話の一つとして, 読み流していただきたいと思います.

参考文献

[1] 秋葉 敏男 著 「素粒子のスピン 」
本論文集の第 14 章に所収

[2] 秋葉 敏男 著 「高校生の宇宙論」
本論文集の第 15 章に所収

あとがき

　自然哲学類としての数学や物理学は，リベラル アーツの中の主要科目といえるでしょう．人類の知的欲求は，古くから人間精神・人間社会・自然界の夫々を律する仕組みを探求し，得られた知識が伝承記録されて，リベラル アーツとして構成されました．このリベラル アーツの一面を評して，「すぐには役に立たない学問」と一刀両断することも出来るでしょう．しかし，リベラル アーツは役に立つ諸知識から抽象された普遍的な諸法則・命題により構成されたものです．そして，古来からのリベラル アーツの諸科目が集大成され，修正・深化・応用を繰り返して今日の学問体系に至り，文明社会の礎となってきました．

　数学は，自然哲学のなかでは特異の位置を占めています．多くの経験科学の成果を横断的に抽象して，一つの概念を構成してその一般的な性質を考究します．そのような概念の典型が，「数」の概念でしょう．近代以降の数学は，基礎概念の設定とそれらの具備する性質を前提として，正しい推論を積み重ねて得た諸命題の集大成と言えます．これが公理主義の考え方です．そして，基礎概念の具備する性質を構成する上で，「数」の持つ諸性質が拠り所となったと言えるでしょう．これは，抽象代数学の追及において指導原理となっていたと推察されます．

　数学以外の経験科学の中で，物理学は最も数学を多用する分野です．
　ガリレオの言葉を借りるなら，「物理学は数学で記述されている」と言えます．
　歴史的には，ニュートンは運動の解析のために「微分法」を編み出し，これが「微分・積分学」へ大成されます．また，デラックによる「デルタ関数」の導入は，「超関数」の概念を生みました．

　逆に，数学者の既成の研究成果が，思いもよらぬ分野で応用されることもありました．アインシュタインの一般相対性理論は，微分幾何学（リーマン幾何学）によって記述されました．また，ハイゼンベルクの編み出した量子力学では，物理量は行列と対応付けられました．[1]

　数学という翼を得た「理論物理学」は，経験法則を解き明かすと共に数式論理に基づく予測もできます．しかし，得られた予測は実験による検証と既成の経験法則

---

[1]位置や運動量などの物理量 z を，光の輝線スペクトルの遷移成分の集合（行列）と対応付けたとき，遷移成分の振動因子以外に二つの添字を持つもの $\{Z_{mn}\}$ が現れます．この集合 $Z := \{Z_{mn}\}$ が行列です．そして，物理量 z_1, z_2 の対応行列を Z^1, Z^2 とすれば，$z_1 z_2$ を計算してみると，対応する遷移成分の非振動因子 $\{Z_{mn}^{12}\}$ は Z^1 と Z^2 の積行列の成分になります．詳しくは朝永振一郎　著 『量子力学 I』第 5 章を参照してください．

との整合性という鉄則の審判に付されます. が一方, この新たな予測が既成の経験法則の不備を解明するきっかけにも成り得ます.

　科学の一分野はこの様にして進展してきたわけですが, ある分野の発展が多分野の知見の広がりに寄与することもあります. 19世紀半ば過ぎに, ダーウィンの「種の起源」が出版され, 生物進化に要する時間が議論されました. 当時は地球の年齢は定かでは無く, せいぜい4億年程度とされていました. 果たして, この期間で生物は今の姿に進化出来たのか, ダーウィンは悩みつつ生涯を閉じたとされています.[2] この問題は, 地質学や天文学の発展により満足のゆく定説にたどり着いています.

　このような学問分野の共進的発展は, 文明全般の発展の礎と言えるでしょう.

　社会科学や人文科学に比べて, 自然を対象とする理学（自然哲学）の探求では, 経済・社会的な利害を目的とすること無く進められる傾向が強く, 工学の分野では, 実用価値の追及が研究目的と言えるでしょう.

　理工学の研究は文明社会の発展に寄与しましたが, それは両刃の剣でもありました. その象徴がダイナマイト, 合成化学物質や原子力で, 環境汚染や大量破壊兵器をもたらしました. 生命科学研究においても, 倫理面からの適正な判断が求められます.

　以上, 一物理学徒からみた学問観を述べてみました. 科学の他の分野の諸兄からは, 偏見に満ちた部分の指摘をいただくかも知れません.

　ただ, **「自然科学の要諦は自然が語りかけてくる法則を汲み取ることである」** という認識には賛同いただけるものと思っております.

　最後に, 本書を出版して下さった担当者をはじめ, ブイツーソリューションの皆様に深く感謝申し上げます.

---

[2] ポール・セン著「宇宙を解く唯一の科学　熱力学」(河出書房新社 刊)p.98〜p.102 参照

数学・物理学アラカルト

2024 年 9 月 24 日　初版第 1 刷発行

著　者　秋葉敏男（あきば・としお）
発行所　ブイツーソリューション
　　　　〒466-0848 名古屋市昭和区長戸町 4-40
　　　　電話 052-799-7391　Fax 052-799-7984
発売元　星雲社（共同出版社・流通責任出版社）
　　　　〒112-0005 東京都文京区水道 1-3-30
　　　　電話 03-3868-3275　Fax 03-3868-6588
印刷所　藤原印刷
ISBN 978-4-434-34537-1
©Toshio Akiba 2024 Printed in Japan
万一、落丁乱丁のある場合は送料当社負担でお取替えいたします。
ブイツーソリューション宛にお送りください。